高志华，1934年出生，杭州市人，教授，从事地板行业30多年，曾任中国木材流通协会副会长、木地板专业委员会会长，期间积极倡导"木材综合利用"，连续八年带领企业捐款植树造林，荣获"中国绿化基金会"特别贡献奖、"北京林业大学"支持奖，又积极倡导、推行"地板质量、售后服务"双承诺，荣获"中国木材流通协会"特别贡献奖、"中国林产工业协会"终身荣誉奖，被尊称为中国地板行业拓荒者。

杨美鑫，1938年出生，上海市人，副教授，主持并制定了木地板铺设技术、地面辐射供暖木质地板铺设技术和验收规范等行业标准，编著了《中国实木地板实用指南》《中国强化木地板实用指南》《中国三层实木地板实用指南》《木工安全技术》等专业图书，曾任地板行业专业技术培训主讲导师。

厨卫门

窗套

墙裙、墙板

护墙板

墙裙

推拉门

卧室门

垭口

高志华

杨美鑫 编著

中国木门300问

化学工业出版社

·北京·

本书针对木门在生产、营销、安装、使用过程中的常见问题，采用一问一答的形式全面系统地介绍了木门采用的原材料（木材辅助材料）基础知识、生产工艺、检测、安装、营销管理（售前、售中、售后服务）等内容。本书力求全面、具体，文字简练，通俗易懂，具有理论性与实用性等特点。

本书主要面向从事木门生产加工企业，营销及相关的从业人员，也可供室内装饰、房地产企业培训使用，还可以作为高等院校木材加工专业师生必备的教学参考用书。

图书在版编目（CIP）数据

中国木门300问/高志华，杨美鑫编著. —北京：
化学工业出版社，2019.3
ISBN 978-7-122-33896-9

Ⅰ.①中… Ⅱ.①高… ②杨… Ⅲ.①木结构-门-
基本知识-中国 Ⅳ.①TU228

中国版本图书馆CIP数据核字（2019）第026738号

责任编辑：吕佳丽　　　　　　　　　　　　　　装帧设计：王晓宇
责任校对：王鹏飞

出版发行：化学工业出版社（北京市东城区青年湖南街13号　邮政编码100011）
印　　装：三河市航远印刷有限公司
787mm×1092mm　1/16　印张13　彩插8　字数300千字　2020年1月北京第1版第1次印刷

购书咨询：010-64518888　　　　　　　　　　　售后服务：010-64518899
网　　址：http://www.cip.com.cn
凡购买本书，如有缺损质量问题，本社销售中心负责调换。

定　　价：98.00元

随着我国国民经济持续增长，人民生活水平提高，房地产业不断发展，我国人均居住条件由过去大家庭小单元的模式发展为小家庭大空间的模式，居住空间得到进一步细分。在居住空间中，门是分隔一个个单元空间、形成独立区域无可替代的构件，缺少它，空间就不能形成连贯的整体。正因为有了门的分隔，各个空间才能做到既独立又有联系。因此，门既是建筑物的构件，又是营造自然、和谐、有品位室内装饰的主要元素，门也是改善人居环境质量的标志。

木材是生物材料，是与人类最亲近、历史最悠久、用途最广泛的材料，是大自然赐给人类最珍贵的可再生资源，因其美丽的天然纹理、悦目的色泽、软硬适中的质地、加工方便等优良特性，深受人们喜爱。几千年前，人们就将木材加工成木门，随着时代的进步和科技的发展，现代木质门不仅以原木和锯材为原材料，还分为集成材、纤维板、刨花板、胶合板等。以木质材料为主要材料，辅以玻璃、五金件等材料，加工成款式新颖、色泽悦目、多种类的木质门。

30多年来，木质门行业发生了翻天覆地的变化，木质门生产由初期的手工制作，已逐渐进入了机械化、自动化、规模化生产，生产方式的转变也促使木门企业如雨后春笋般地发展。据不完全统计，我国不同规模的木门企业已有万余家，企业水平参差不齐。为了适应木门行业的发展，本书比较系统地总结了木质门文化、分类、材料与特性、五金件及其他辅料、生产工艺、涂饰工艺、选购、安装及使用、营销等多方面内容，并以问答的方式呈现。这些问题的答案，对木质门产品的生产具有一定的参考价值。

本书在编写过程中得到了吴晨曦先生、张国林先生、田万良先生及其他专家的支持和帮助，在此一并感谢！

由于编写水平有限，书中难免存在不妥之处，敬请读者批评指正。

编著者
2019 年 7 月

Contents
目录

第二章
木门材料的基础知识

035

第三章
木门的五金件及其他辅料

077

第四章
木门采用的胶黏剂与涂料

091

第五章
木门工艺

105

第六章
木门营销

123

第七章
木门安装与售后服务

131

附录

参考文献

绪　论

木门是建筑业中应用最早的木制品构件之一，也是在现代家居和公共场所装修中深受消费者喜爱的一个产品。因此，近年来木门在装修中占据的比重一直在稳步增长。

近十年来，我国房地产业快速发展，城镇化步伐加快，木门行业的发展有了更广阔的空间。现代木门行业已由过去装修时木匠入户，用手工锯、刨子或简陋的木工机器加工成木门的作坊式生产，逐渐演变为大规模工厂化生产及规模化定制、个性化设计的全新生产发展模式。

一、木门行业现状

无论在公共场所还是家庭装饰中，木门已成为当前人们首先考虑的产品之一。木门历史悠久，早在几千年前人类架木造屋栖身时，为了遮风挡雨，人们就在进出房屋的洞口处设置了简陋的木门来掩闭。最初的门多为固定掩闭方式，随着人类的进步，门发展为可活动的掩闭方式。这是在门的发展史上的一大进步。

门与中华民族文明共同产生和发展，它是建筑物的出入口。因此，门始终处于建筑物的中心或者是醒目的位置。这种在建筑物中的特殊位置，使人们对门的尊崇超过了建筑物中的任何其他的部位和构件。因此，人类社会的变迁和发展都在木门的风格上烙下了深深的印记。在封建社会，对门的装饰件、材质甚至颜色都有严格的规定，不能超越等级设计，超越者将受罚。因此，从门的外观就能判断出房主的身份。

随着社会进步，木门装饰等级限制被取消，但在民间还流传的一些风俗中，依稀可探寻到木门取材的忌讳与偏好。如旧时民间做门忌选用槐木，民间谚语说"槐木不宜做门窗"，因为"槐"字的右半边为"鬼"，用槐木做门，门带有鬼气；喜用桃木，在古代，桃木有辟邪的寓意，古人认为桃木可以驱鬼。随着时代发展，为迎合不同的装饰风格，现代门产品琳琅满目、色彩纷呈，市场中出现不同款式的木门。

（一）木门发展史

回顾过去40年的发展，中国木门行业发生了翻天覆地的变化，从单一的国产实木材料到多元化的木质材料；从落后的手工作坊生产模式发展为大规模工业化生产，其发展可归纳为以下三大发展阶段。

1. 木门发展初期

在20世纪80年代前，我国居室中的门和窗都采用木质材料，为此，新中国成立后，国营木材加工厂都生产木门窗。随着办公大楼增建，单位职工宿舍数量迅速增多，国营木材加工厂纷纷扩大木门窗车间的生产线，如北京的北京木材厂、光华木材厂、北京建筑木材厂、广东的鱼珠木材厂，甘肃的兰州木材厂，新疆的乌鲁木齐木材厂，上海的上海建筑木材厂、上海杨子木材厂、上海木材一厂等。

此时的木材加工厂都是建材局、建工局、轻工局下属的国营木材加工企业，没有民办企业，而且生产的木门都是分置式的，即木框和木门扇分置，把门框和门扇运到工地，现场装配组合，并进行就地油漆装饰。

2. 金属与其他材料门窗抢占市场，木门发展走下坡路

20世纪80年代初开始，我国遭遇自然灾害，加上人们乱砍滥伐，木材资源匮乏，为此，政府对木材的使用制定了严格控制的政策，提出以钢代木、以铝代木、以塑胶代木的口

号。在这样的形势下，铝合金门窗、钢门窗、塑钢门窗拥有了令人瞩目的发展速度，木门的三分之二以上市场被金属门窗占据，仅剩实木复合门还在市场中苦苦挣扎。

3. 木门蓬勃发展期

木门行业虽然起步晚，但由于中国改革开放政策的深入，世界各个林业大国纷纷在中国寻找市场，将木材输入中国市场，使中国木材市场一片兴旺，木材种类丰富多彩。在 21 世纪初，由于大量使用进口木材，木门传统工艺也得到改进。采用先进的设备和工艺，融汇中西艺术，创特色，木门的国内外销量猛增。据不完全统计，在 21 世纪的第一个十年内，我国木门行业总产值平均增长速率为 25%，到 2010 年，产值从 2003 年的 120 亿元突破 780 亿元大关，保持较高的发展速度。

近年来，虽受国家房地产政策调控的影响，木门生产销量放缓了脚步，但与其他行业相比，木门行业还是以 12% 以上的速率增长，其年产值达 880 亿元。我国木门行业日趋成熟，企业管理、生产技术、产品质量都有显著提高，市场意识增强，生产销量稳步增长。据不完全统计，2016 年产销值达 1320 亿元，2017 年已达 1460 亿元。工业化生产的企业也日益增多，目前初步达到工厂化生产的企业已有 1 万多家，年产值在亿元以上的企业已有 150 多家，年产值在 5000 万元以上的企业不计其数，其中一流品牌企业的经营门店遍布全国。全国各大城市皆有木门生产企业，但归纳起来，发现这些企业主要集中在六大地区。

（二）我国木门主要产区

我国木门生产区域按自然区域分，可分为以下六大地区。

1. 长江三角洲地区

该地区以上海、浙江、江苏为中心，是当前我国经济最发达的地区，也是我国木门业发展最为迅猛的地区。其中，浙江省集原材料、生产、包装、物流为一体，形成完整的产业链，吸引了外省市木门企业纷纷迁入浙江省或在该省设立分厂，因此浙江省发展尤为迅猛。该地区木门企业类型众多，有专业生产木门的企业，也有木地板、木质家具生产企业延伸木门生产，新企业、新品牌不断诞生。生产企业较为集中的城市有浙江省的嘉善市、湖州市、江山市，江苏省的无锡市、苏州市、常州市等。

2. 珠江三角洲地区

该地区以广东、福建省为中心，由于其处于东南沿海地区，又毗邻香港，有特殊的地理优势。该地区港口进出口木材资源便捷，是全国最早聚集木材加工企业、家具企业、木门加工企业、木地板企业的地区之一。该地区木门企业众多，企业实力雄厚，其中有不少企业利用地理优势专注外销木门，甚至不开拓国内市场。该地区木门出口量可与长江三角洲地区媲美。

3. 东北地区

该地区以东北三省（即辽宁省、吉林省、黑龙江省）为中心，其中以哈尔滨、沈阳、长春、吉林、大连等城市为主。该地区是林业区，是国产木材主要供应区，也是木材加工生产老基地，拥有多家国营大型木材加工生产企业，这些企业现大部分已改制，技术力量雄厚。加之该地区与俄罗斯毗邻，俄罗斯进口木材通过黑龙江省边陲的绥芬河铁路运入中国，因此，该地区国内、国外木材资源丰富。据不完全统计，辽宁省出口木门的数量居于全国前三位。黑龙江省的木门单价也在全国排位中居高位。

4. 京津冀地区

该地区以北京、天津、河北为中心，向山东延伸，人口密集，对木门的需求量增长迅猛。该地区人们生活水平高，人们对木门的品质也要求高，因此木门市场价格偏高。因此，一线、二线品牌的木门纷纷抢滩登陆北京市场，其中 TATA 木门经过多年拼搏，因其先进的生产技术和可靠的产品质量，市场销售量遥遥领先。但是，也不得不指出近几年首都北京雾霾频发，为确保首都生态环境，大部分木门生产企业的生产基地先后迁出北京，纷纷迁往河北省、浙江省。

5. 西南地区

以重庆、云南、成都为中心的西南地区，其中重庆木门行业的发展尤为迅速，在全国34 个省市自治区中，重庆市木门产销量经常位居前三位，木门行业持稳步增长的趋势。重庆曾有"中国套装门之都"的荣誉称号，但是由于在西南地区，远离沿海城市，总体经济发展速度赶不上沿海城市，故市场木门产品还是以中低档产品为主。

6. 西北地区

该地区以陕北、山西、宁夏为中心，是我国的干旱地区，经济发展水平和人们生活水平偏低，所以市场购买力普遍低于沿海城市，但也有高档次的木门品牌，在市场营销中深得消费者青睐。

（三）我国木门出口现状

我国木门虽然以国内市场为主，但自 21 世纪以来，中国木门产业发展迅猛，众多国内品牌走出国门，走向国际市场，出口主要集中于美国、日本，我国对这两国的出口金额均超过 1 亿美元；其次，对加拿大、英国、法国、罗马尼亚、尼日利亚、韩国、土耳其、伊朗等国家的出口创汇值均在 4 千万美元以上。

2003 年到 2007 年的出口创汇值平均增长速率为 20%，在 2003 年时木门出口创汇值仅为 1.7 亿美元，到 2007 年竟达 5.57 亿美元。2008 年受美国金融危机影响，全球性经济震荡，我国木门的出口创汇值大幅下降，几乎下降了 25%。随着国际市场逐渐复苏，木门出口创汇值又缓慢增长，2011 年出口创汇值已达 5.79 亿美元，略高于 2007 年。2011 年后出口创汇值呈稳步上升趋势，2016 年出口创汇值达 6.67 亿美元；2017 年略降，低于 2016 年，其值为 6.65 亿美元。

二、木门行业发展趋势

木门行业是一个既古老又新兴的行业，也是一个充满朝气的行业。在短短 20 多年的发展历程中，木门行业从传统的手工作坊式的制作发展为工厂生产，生产经营定制化；市场营销从传统的经营模式逐渐转变为现代经营模式，销售服务具有个性化的特点。

随着经济发展，现代人在装修过程中崇尚自然、环保、健康，而木门品质顺应人的要求提高，因此，木门越来越受到消费者青睐。同时，人们对木门的高要求也使木门行业必须不断改进工艺，不断在结构和外形上创新，以适应国内外市场的发展需要。

（一）木门行业发展仍将呈稳步增长趋势

房地产的发展带动了装修建材行业的发展，也使我国木门从复原走向迅速发展，又继续稳步发展。据不完全统计，现在最受 90 后年轻人青睐的 $80 \sim 90 m^2$ 的二居室，装修时通常需要两樘卧室门、一樘厨房门、一樘卫浴门、一樘客厅门、一樘阳台门，共六樘门，据调查，其中通常五樘门是木门，而阳台门可能用木门，也可能用其他材料门。

虽然近几年来房地产发展速度减慢，但它还是国民经济的支柱产业，仍然在稳步发展。近几年，人们的消费重点已逐渐移向住和行，而木门的亲和力远远超出其他材料门，因此木门在市场的占有量遥遥领先于其他材质的门。

1. 木门市场需求量稳步增长

（1）至 2020 年，我国城镇新住宅区竣工面积将达 120 亿平方米，平均每年竣工 8 亿平方米。

（2）保障性住房和农村住房。"十二五"与"十三五"规划都要求解决城市中 20％贫困居民的住房，累计已有 64.5 万套国家建设的保障性住房建成，解决贫困居民住房问题。

1980 年中国只有 51 个城市人口超过 50 万人，自 21 世纪以来，中国城市化进程加快，到目前为止约 190 个城市人口已超越 50 万人。要达到发达国家城市化程度，我国预计还需十余年。在城市化发展过程中，人们住房将以保障性住房为主，这也给木门消费提供了广阔的市场。

另外，我国目前农村居民有 6.6 亿人，平均每年约有 2000 万户新建住宅，随着农村建设发展，下乡工程不断深入，农村建材消费持续上升，这又为木门销售提供广阔的空间。

（3）二次装修。二次装修就是指入住多年的已装修房屋，现有装修已陈旧，需要重新装修，涉及民用住房、商业用房等。民居住房的二次装修有自住的民居翻新或局部改造，更多的是二手房装修。二次装修不受国家政策限制，市场稳定，发展潜力较大。

（4）国际市场。我国木门材料、款式多元化，产品琳琅满目，深受国外消费者喜爱。自 2003 年以来，木门出口量不断递增。虽然 2008 年国际市场经济震荡，木门出口量明显下滑，但是从 2011 年下半年开始，欧美市场逐渐复苏，木门出口市场销售量也在回升。

2. 木门原材料充足有保证

木材及人造板的原材料供应渠道广、品类多，中国木材市场几十年来被国际众多木材输出国和从事木材商贸的公司所关注。特别是原木、锯材等关税政策实施后，全球木材供应商都看好中国木材市场，想进入中国木材市场分一杯羹，使我国进口木材供应渠道变广，而且有较多的可选择品类，保证了木门生产所需的原料。

我国在 20 世纪 60 年代就开始人工育林，人工林面积已居世界第一，木材的生产与消耗现已步入良性循环。进入采伐期，丰富的人工林资源为木门的生产提供源源不断的材料。

3. 木结构房屋不断取得进展

随着人民生活水平的提高，人们生活更加丰富多彩，木结构房屋不断改进。为了达到与装饰的协调和统一，木结构房屋皆使用木门配套，这也为木门提供了发展的空间。

由此可见，进入"十三五"后，木门行业发展前景广阔。在商品房使用的定制木门中，极大部分是高中档产品；保障性住房以中低档木质复合门为主；农村自建房以中低档产品为主；出口产品主要是高、中档木门产品。

中国木门 **300** 问

（二）加强企业自主创新之路——创品牌

随着市场经济的发展与深化，品牌已成为市场竞争的关键点。品牌是技术、质量、服务、管理、诚信、企业文化的组合，也是市场竞争的要素。企业只有自主创新，不断成长，在发展中不断适应市场需求，才能引领市场潮流，在市场立于不败之地。

从目前市场现状看，木门行业的市场格局已由杂乱无序的价格战，逐渐进入品牌竞争。随着市场发展，品牌间的差距会越来越大，而消费者对品牌的认知度和信赖度也越来越高，具有强劲技术与服务的企业更被消费者认可。因此，目前以品牌为核心竞争力的格局已凸显，一批具有知名度和社会影响力的企业已崛起，成为全国一线品牌，占领市场，成为市场领先品牌。而区域性强的中型企业还将继续坚守本区域市场，市场发展成为大、中品牌共存的格局。不能不提的是，在发展的同时，还会有跨行业又有实力的集团或企业在市场发展中逐渐涌现。

（三）发展电子商务

国家"十三五"规划建议中提出实施"互联网＋"的行动计划。

"互联网＋"提出了促进产业内部各个环节之间及与其他行业之间的相互联系、相互渗透，各行业通过互联网共同发展，形成一种新的经济形态，也就是促进传统行业的变格升级，互联网对木门行业影响深远。互联网是一种通用技术，已被广泛应用到各行各业。截至2015年12月，中国网民已达6.88亿人，互联网的普及率达50.3％。在建材行业中已有上千家企业应用互联网。

（1）生产方式转换。"互联网＋"的本质是消除信息的不对称，打破原有的行业壁垒，使传统的大规格木门生产转变为个性定制，使用户积极参与到木门产品的设计中来，用户不仅可以发布需求，还可参与设计，享受个性化定制服务。

（2）商业模式转换。2015年以来，部分企业运用互联网思维转变传统的商业模式，积极探索"互联网＋"的商业新模式，线上线下的商业模式O2O（online to offline）就是互联网与传统营销相融合，实现线上交易、线下消费体验与服务。"互联网＋"的商业新模式解决了传统的营销渠道与网络营销间可能产生的矛盾，将传统的经销商转变为服务商，使电子商务与传统销售渠道逐步融合。因此，"互联网＋"的实施将会使产品展示与交易体系、个性化定制设计和施工安装体系等新的产业链在木门行业不断涌现。

（四）重视企业论证，发展绿色产业链

国内外消费者都强调木门产品要有利于人体健康和环境保护，这也是木门企业必须坚守的产品理念。

发展绿色产业链将成为木门市场的主流经营模式，体现绿色、环保，可通过一系列认证，如：①使用的木材是否合法、是否符合可持续发展要求，可通过森林认证FSC、PEFC；②环境ISO14001；③质量管理ISO9001；④各国产品都有标准或标识。

随着时间推移，各种类型的认证将会成为木门进入市场的准入证，也会成为消费者选择产品的依据。因此，我国木门生产企业必须树立生态设计的理念，降低能源和资源消耗，减少环境污染和碳排放，才能适应市场的需求。

第一章

木门基本概念

第一节　普通木门

1. 何谓木门?

木门是指以木质材料,即锯材、胶合材、木质人造板(胶合板、刨花板、中度密度纤维板)为主要材料制作的门框、门扇。门框与门扇通过五金件组合成门。

木门所采用的木材,其含水率应小于12%。在高温度、高湿度的南方地区,含水率可适当大些,但也不能大于当地、当月空气的平均含水率。

制作木门采用的人造板除了含水率应达到国家标准以外,对于其组合材料所用的胶黏剂和表面装饰所采用的涂料分别都应达到《室内装饰装修材料　胶黏剂中有害物质限量》(GB 18583—2008)和《室内装饰装修材料　木家具中有害物质限量》(GB 18584—2001)的相关要求。

2. 木门在制作过程中采用哪几类材料?

木质门在制作过程中所采用的材料,以木质材料为主要材料,还有以下辅助材料。

(1) 主要材料:木材与胶合材,其中胶合材包括集成材、细木工板、胶合板、刨花板、中密度纤维板。

(2) 辅助材料。

① 蜂窝纸:门芯材料。

② 饰面材料:薄木、三聚氰胺浸渍纸贴面、PVC贴面等。

③ 密封材料:具有密封与减振作用。

④ 五金件:门锁、铰链、滑道、拉手、闭门器、定位器等。

⑤ 玻璃。

⑥ 油漆。

⑦ 胶黏剂。

3. 木门为什么深得消费者喜爱?

木门自古就深受人们喜爱,其原因是:

(1) 取材于大自然。其木纹图案多变,妙趣横生,具有高贵典雅、庄重、古朴、自然的特点,对环境没有污染。

(2) 取材广泛。无论是硬质木材还是软质木材,无论是木材的加工制品人造板,还是不成材的小料都可以加工成木门。

(3) 制作方便。不受尺寸大小及尺寸形状限制,拱形门都可以制作。

(4) 木门款式琳琅满目,装饰效果好。木门样式众多,从风格上分,可分为仿古式、欧式、日式门等,可以根据室内装饰选择不同的木门样式及色彩,起到点缀和协调的作用,使室内装饰取得更好效果。

(5) 能满足多种消费群体需要。采用珍贵硬木的木门,再配以精致的雕刻,高贵典雅,满足了高档装饰的需要;仿制实木的门可满足中档装饰需要;还可以用价格便宜的木料满足简单装饰的需要。

（6）木材保湿、保温性好，导热系数低。

4. 试述木门在行业标准中的分类。

随着木材加工业迅速发展，木质材料与表面装饰材料的品类也日益增多，这就极大地丰富了木门的品类。现有木门的行业标准有以下几种。

（1）中华人民共和国物资管理行业标准《木质门》（WB/T 1024—2006）

① 按开启方式，木质门可分为：平开门、推拉门、折叠门、弹簧门。

② 按构造方式，木质门可分为：全实木榫拼门、实木复合门、夹板模压空心门。

③ 按饰面类型，木质门可分为：木皮门、人造板门、高分子材料门。

（2）中华人民共和国建筑工业行业标准《建筑木门、木窗》（JG/T 122—2000）

① 按开启方式，木质门可分为：平开门、弹簧门、推拉门、折叠门、转门、固定门。

② 按构造方式，木质门可分为：夹板门、压模门、镶板门、拼板门、实拼门、玻璃门、格栅门、连窗门、百叶门、镶玻璃门、带纱窗门。

（3）中华人民共和国林业行业标准《室内木质门》（LY/T 1923—2010）

① 按门扇芯材料，木质门可分为：实心门、空心门。

② 按材料，木质门可分为：全实木榫拼门、实木复合门、夹板模压空心门。

③ 按饰面类型，木质门可分为：木皮门、人造板门、高分子材料门。

④ 按涂饰类型，木质门可分为：油漆饰面门、非油漆饰面门，透面饰面门、不透面饰面门，浸渍胶膜纸、装饰纸、PVC等饰面门。

（4）中华人民共和国建筑工业行业标准《木复合门》（JG/T 303—2011）

① 按饰面材料，木质门可分为：单板门、高压装饰板、浸渍胶膜纸门、PVC薄膜门、浮雕纤维板门、直接印刷、涂料刨面。

② 按门扇和门框内芯材料，木质门可分为胶合板门、刨花板门、纤维板门、空心刨花板门、网格芯板门、木条门、蜂窝纸门、集成板门。

③ 按门扇边缘类型，木质门可分为：平口扇门、企口扇门。

④ 按开启方式，木质门可分为：

a. 平开门分为右开（单扇）内平开、左开（单扇）内平开、右开（单扇）外平开、左开（单扇）外平开、右开（双扇）内平开、左开（双扇）内平开、右开（双扇）外平开、左开（双扇）外平开。

b. 推拉门分为墙内外、左右两个方向进行。

从上述四个标准中可见，它们的分类有共同点，也有不同点，但是相对来说，《木复合门》（JC/T 303—2011）的分类更为详细些。

5. 试述木门在国家标准中的分类。

在《木门分类和通用技术要求》（GB/T 35379—2017）中，木门分类如下。

（1）按表面材料分类，木质门可分为：实木门、实木复合门、木质复合门。

（2）按功能分类，木质门可分为：防火木门、防盗木门、防潮木门、隔声（音）木门，其他功能木门等。

（3）按门边构造分类，木质门可分为：平口门、T形门。

（4）按开启方式分类，木质门可分为：平开门、弹簧门、推拉门、折叠门、旋转门等。

6. 木门由哪些部件组成?

木门由门框、筒子板、贴脸板、合页、门锁等部件组成。

（1）门框由左右边框、上框及中横框组成，如图1-1中的1～4。

（2）筒子板。筒子板是门洞口侧面和顶面的装饰板，如图1-1中的5～8。

（3）贴脸板。贴脸板是筒子板侧面和墙面装饰线，如图1-1中的9、10。

（4）合页。将门扇固定在门框上的连接件，如图1-1中的12。

（5）门锁。门锁的作用是使门能够关闭和锁住，保证安全，如图1-1中的13。

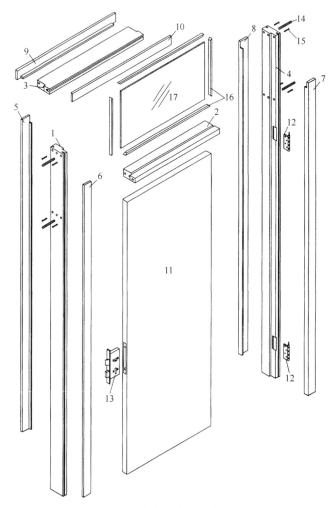

图1-1　单扇门各部件的名称

1—左边框；2—中横框；3—上框；4—右边框；5～8—筒子板；9，10—贴脸板；
11—门扇；12—合页；13—门锁；14—圆棒榫；15—木螺钉；16—玻璃压条；17—玻璃

7. 何谓实木门?

实木门是指门扇、门框全部由同一材质或材质相近的实木或集成材制作而成的门。

根据所使用的木质材料类型，可将实木门分为全实木门和集成材实木门。其中全实木门以天然木材为原材料，经过选材、干燥、刨铣等加工，开榫、打眼而成。市场上有的商家称全实木门为"原木门"。其门扇一般都采用名贵的阔叶材,如樱桃木、胡桃木、柚木、花梨木、橡木等名贵材种,这类木门色泽典雅,纹理自然和谐,调湿、保温、隔声、减振效果极佳。但是这类门由于采用纯天然的木材,虽经过干燥处理,但还保持木材自身属性,所以相对实木复合门与木质复合门更容易产生变形和开裂。

8. 何谓实木复合门?

实木复合门是以木材和人造板作为芯材,表面覆贴实木单板,经过高温、热压后制成。实木复合门的门芯多为松木、杉木或用填充材料等黏合而成。四周用实木线条或者木单板进行封边。因此,实木复合门的装饰效果、隔声效果基本与实木门相同,而实木复合门在某些方面性能优于实木门,其优点是不变形、不开裂,价格比实木门便宜。

9. 何谓木质复合门?

木质复合门是指除了实木门、实木复合门以外,以木质人造板为主要材料的木门。

木质复合门不仅具有造型多样、款式丰富等特点,还因采用机械化生产,有生产效率高、成本低、价位经济实惠等特点,备受中产消费者的青睐。在人造板中添加防腐剂、阻燃剂、防水剂等物质,还可增加木质复合门的防腐、阻燃、防潮等特殊性能。

10. 何谓实心木门与空心木门?

实心木门采用集成材、刨花板、胶合板、实心细木工板或碎料模压制品等木质材料制作门芯,该类门具有成本高、强度大、质量重和隔声性能好等特点。

空心木门采用空心细木工板、塑料木条、蜂窝纸等材料制作门芯。因此,该类门门扇芯内有空隙,所以质量轻,成本低,其市场价格便宜。

11. 何谓模压门?

以胶合板、锯材为骨架材料,面层为人造板或高分子材料,施胶压制胶合而成或模压成形的中空门被称为模压门。

模压门是由两片带造型和仿真木纹的高密度模压门皮板经机械压制而成。模压木门保留了木材的天然纹理,同时也可以进行面板拼花,既美观又经济实用,而且还具有防潮、膨胀系数小的特性,所以与其他木门相比,模压门的抗变形性能更佳。在使用中,模压门表面很少产生龟裂或氧化变色等现象。

模压门是机械化生产,相对而言成本低、施工工艺简单。其缺点是,表面没有实木门厚重美观。

12. 何谓饰面木门?

在木门相关标准中,按表面装饰对门进行分类时,将采用油漆、浸渍胶膜纸、装饰纸、PVC 等材料进行表面装饰的木门统称为饰面木门。

13. 何谓素板木门?

素板木门是指在木门行业标准中,按表面装饰分类时,表面不采用任何材料进行装饰的木门,在业内也被称为白茬门。也就是工厂不对木门表面进行油漆涂饰和任何表面装饰,购买者买回去后自行进行油漆处理。一般来说，施工现场的环境较差，很难保证门的品质。购买者也可在购买后自行贴纸或其他装饰材料。由于素板木门是现场处理，故可将素板木门的缝隙减小，工厂只保证素板木门表面平整、无缺陷。在环境污染方面，由于素板木门少了一道油漆工序，故比油漆门更环保。

14. 何谓免漆门?

免漆门就是不需要进行油漆处理的木门。在木门表面贴一层贴面材料，其材料一般为PVC、CPL或者其他高分子材料。

现在市场上也有商家把工厂已经进行过油漆处理的成品木门，称为免漆门，这是不准确的。免漆门与其他木门相比具有以下特点：

（1）具有酷似木材纹理的效果，色彩变化多，更具现代感，符合个性化及绿色环保要求。

（2）产品表面光滑、色彩艳丽，具有耐冲击、防虫蛀、防潮、防腐等特点。

（3）一次成型，生产周期短，无毒、无味、无污染。

（4）施工方便，可切、可锯、可刨、可钉，易保养。

15. 何谓平口木门?

平口木门是指在木门相关标准中对木门分类时，按照门口形式分类，门扇横剖面为长方形的木门。通俗地讲，平口木门的边缘是平的，此种木门较为传统，在国内外的历史都比较悠久。由于门锁安装和开启的原因，在安装门扇时，这类门门扇与门框之间必须留有3mm的缝隙。因此，这种木门的密封性、隔声性、保温性都比T形木门差。

16. 何谓T形木门?

T形木门又称企口凸边门，从门的侧面看像一个大写字母"T"，也就是说门扇的横剖面为T形，因此，将这类门称为T形木门。T形木门起源于德国，T形木门也称德式门。T形木门的门芯主要由优质白松、杉木和空心刨花板结合而成，外部经过严格的防潮、加固和美化处理，再经高温热压后制成。

这种门的边缘呈T形，门缘凸出的部分压在门框上，并配有密封橡胶条，因此，该门的特点是关门声音小，密封性、隔声性、保温性相对于传统的平口木门有明显的提升。尤其是门扇采用空心刨花板，呈蜂窝状结构，使声音在不同的方向发生反射，相互抵消，从而起到消声作用。

T形木门在门扇关闭后与平口木门的装饰效果也不同，平口门扇关门后，门扇外表面与门框在同一平面；而T形木门关门后，门扇外表面凸出于门框。

17. 平开门和推拉门有哪些特点?

平开门通常用于住宅的外门、办公室及居室的房间门，其特点是不占用门洞两侧的墙面，使用周期长，开启和关闭门扇时噪声小，保温和防尘性能都比较好。但平开门的开启需要占用以门扇宽度为半径的四分之一圆柱形空间，因此，居室面积较小的卧室采用内开门时，门占的空间就大。平开门配置的五金件一般包括门锁、铰链等。

推拉门是适合小空间的室内门，开启和关闭时对墙面的震动小。但推拉门在开启与关闭时，由于滑轮与轨道的摩擦，会产生轻微的响声，而且保温、防尘性能比较差，还要占开启方向的墙面，不利于家具或其他物品的摆放。解决推拉门占墙面问题的方案是，装一层假墙，将推拉门藏于墙与假墙之间，这样美观，但造价相对较高。推拉门在使用中有时会遇到推拉不顺畅的现象。其五金配件包括滑轮、滑轨、滑道等。

18. 木门常用的标准有哪些？

木门常用的标准有以下几种。

（1）《木质门》（WB/T 1024—2006）。该标准规定了木门的分类、规格、代号、材料、要求、试验方法和检测规则等。

（2）《室内木质门》（LY/T 1923—2010）。该标准规定了室内木门的分类、要求、测量和检验方法、检验规则等，不适用特殊功能的木门。

（3）《木复合门》（JG/T 303—2011）。该标准规定了分类、代号、标记、要求、试验方法、检验规则等。

（4）《建筑木门、木窗》（JG/T 122—2000）。该标准规定了分类、代号、等级、规格及标记、要求、试验方法、检验规则等。

19. 何谓木质防火门？试述其分类及代号。

防火门是指在一定时间内能满足耐火和隔热性能要求的门。它除了具有普通门的功能外，还具有阻止火势蔓延和烟气扩散的作用。因此，木质防火门必须用难燃木材或难燃木材制品制作门框、门扇骨架和门扇面板，门扇内若有填充材料，则填充对人体无毒、无害的防火隔热材料，并配以防火五金配件。按《防火门》（GB 12955—2008）的规定，防火门按耐火性能分为 A、B、C 三类。A 类为隔热防火门；B 类为部分隔热防火门；C 类为非隔热防火门。

代号为 A0.50 为丙级防火门，其耐火隔热性≥0.50h，耐火完整性≥0.50h。

代号为 A1.00 为乙级防火门，其耐火隔热性≥1.00h，耐火完整性≥1.00h。

代号为 A1.50 为甲级防火门，其耐火隔热性≥1.50h，耐火完整性≥1.50h。

20. 哪些建筑与场所必须采用防火门？

防火门是一种具有特殊性和功能性的木门，一般用于公众聚集场所和建筑的消防通道，如商场、超市、宾馆、饭店、体育馆、会堂（所）、礼堂、歌舞娱乐场所、电影院、医院、养老院、学校、幼儿园、机场、图书馆、展览馆等。应根据使用场所选用不同防火等级的防火门。

（1）设置甲级防火门的场所：图书馆书库，舞台主台通向各处的洞口，消防电梯井及机房、设在高层建筑内的空调机房，通风系统、地下室存放可燃物的房间。

（2）设置不低于乙级防火门的场所：医院中的手术室、歌舞娱乐场所、隔开附设在居住建筑中的幼儿园与其他场所的墙、高层建筑回廊相通处及过道的门。

（3）设置丙级防火门的场所：电缆井、管道井、排烟道、垃圾井等井壁上的检查门。

21. 何谓电磁屏蔽木门？其功能是什么？

电磁屏蔽木门采用电磁屏蔽木质材料，经过特殊加工工艺，能有效阻止电磁辐射线。随着科技迅猛发展，电子技术的应用也越来越广泛，各种电子设备不可避免地以电磁波的形式向环境辐射能量、产生电磁辐射，电磁屏蔽门可以保护人体免受辐射的侵害。除此以外，对一些军用设备、通信设备，为了提高其设备的可靠性和安全性，必须对设备进行电磁屏蔽，以减少环境对设备或设备对环境的辐射干扰。

电磁屏蔽木门是一种新型绿色功能木门，目前比较少见，具有广阔的市场前景。

22. 电磁屏蔽木门采用的木质材料有几类？

电磁屏蔽木门采用的木质材料有四大类，即表面导电型、高温炭化型、填充型及叠层型。

23. 何谓表面导电型电磁屏蔽木质材料？

表面导电型电磁屏蔽木质材料是由木材单板、木粉或者木纤维与各种导电或磁性材料以均匀分散的形式复合。而表面导电型是使木材表面金属化来反射电磁波。

24. 何谓高温炭化型电磁屏蔽木质材料？

高温炭化型电磁屏蔽木质材料就是将木质材料经过高温炭化后形成碳化物作为屏蔽材料。

25. 何谓填充型电磁屏蔽木质材料？

填充型电磁屏蔽木质材料则是通过在木材复合材料中填充导电或磁性材料，达到屏蔽效果。国内外大多采用不锈钢纤维（网）、铜纤维（网）、磁性材料与木纤维复合压制成中密度纤维板，这种板材具有较好的屏蔽性能，具有较好的应用前景，但目前尚处于研究阶段。

26. 何谓叠层型电磁屏蔽木质材料？

叠层型电磁屏蔽木质材料就是将木质单元与导电功能层叠层制备成的导电复合材料。它具有其他类型材料不具备的绿色优势，即导电（金属）单元内置，保持了木质生物材料的天然特点。

该类产品采用石墨、铜纤维和钢纤维作导电填料，加入脲醛树脂胶黏剂压制成胶合板，胶合板电磁屏蔽效能达到 35dB。中国林业科学研究院木工研究所用"铺撒模压"的方法制备导电膜片，然后将其与落叶松单板"叠层复合"制成各种新型电磁屏蔽胶合板，大大提高了电磁屏蔽胶合板的屏蔽性能。由于其表面是木质材料，保持了木质生物材料的天然特点，具有其他类型材料所不具备的绿色优势。

27. 如何解决电磁屏蔽门与门框缝隙间的电磁泄漏问题？

为保证门的正常开启与关闭，电磁屏蔽门扇与门框间必须留有一定缝隙，这样将会产生电磁泄漏现象。为解决该问题，中国林业科学研究院木工研究所采用搭接技术，其方法如下。

将电磁屏蔽木质材料中的导电层，采用导电铜箔或导电材料单独连接出来后与门框（包含插槽和铜簧片）进行电连接，如图 1-2 所示。由此，使电磁屏蔽门和门框的电磁屏蔽木质材料形成整体，防止电磁泄漏。

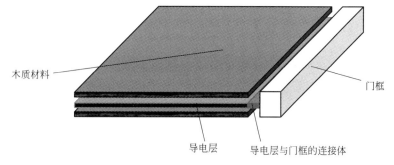

木质材料

门框

导电层

导电层与门框的连接体

图 1-2　电磁屏蔽门结构

28. 何谓隔声功能木门?

隔声功能木门是指对木材进行声学结构设计，或者将吸声材料与木质纤维混合压制成具有吸声、隔声功能的木门。在市场上常见的隔声功能木门有下列三种。

（1）结构型隔声功能木门。该木门是采用声学结构设计的木质材料制造而成。

（2）组合型隔声功能木门。该木门是采用一些隔声材料填充或包覆木质材料制造而成。

（3）复合型隔声功能木门。该木门是采用声学结构设计和吸声功能相结合制造而成。

29. 隔声功能木门采用何种方法进行吸声?

在目前的制作中，隔声功能木门常采用木质材料进行声学结构设计来达到吸声效果，采用槽木吸声和孔木吸声两种方法，如图 1-3 所示。

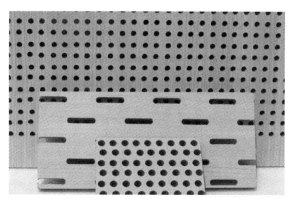

图 1-3　隔声功能木门

槽木吸声就是在纤维板的正面开槽、背面穿孔的狭缝共振吸声。

孔木吸声就是在纤维板的正面、背面都开圆孔的结构吸声。除上述两种方法外，还有在两层木材中间填充吸声棉、PVC 材料，或采用蜂窝纸。另外，也有采用木质材料与吸声材料混合后制成复合材料，即木屑或刨花与废旧橡胶颗粒混合压制成木质-橡胶复合材料。该材料具有吸声、隔声作用。

30. 何谓防盗木门? 常见防盗木门有几种?

防盗木门就是指配有防盗锁、防盗销，在一定时间内可以抵御一定条件下的非正常开启，具有一定安全防护性能并符合相应防盗安全级别的木门。在目前的技术条件下，由于木质结构门耐冲击强度不高，不能单纯用木质材料做防盗安全木门。而用钢材质制作的门，虽然强度高，但样式呆板、保温性差。所以企业采用木质材料与钢材相结合制造成钢木结构的防盗木门。它既具有木门温馨、柔和的天然属性，又有抗冲击的防盗性能。

目前市场上销售的防盗木门有两种：一种是钢板位于门的中间，门扇内外两面包覆木材；另一种是外层使用钢板里面使用木材，减轻了防盗门扇重量。这两种形式比较，第一种防盗木门更受消费者青睐。

31. 何谓木塑套装门？其具有何特点？

木塑套装门是在木质材料和高分子材料中添加各种功能剂，在一定的温度下通过模塑化挤出成型的木门。该种门既具有木材的质感，易加工，又具有塑料再加工的多样性。因此，木塑门具有如下的优点。

(1) 绿色环保。木塑套装门是在一定的温度和压力下一次成型，又经过热转 EP 技术，使其光亮艳丽，因此，它在生产和使用过程中符合环保标准，对环境无污染。

(2) 防潮、防腐、防虫、防霉变。木塑套装门具有木材和塑料的双重特性，既可用于室内潮湿环境中，也可用于室外。

(3) 安装快捷。木塑套装门的门套、门框线与门框之间连接都采用卡口，不用枪钉，也不用胶固定。

(4) 保温、隔声、阻燃性能好。木塑套装门遇火不助燃，离火后自动熄灭，且燃烧时不会释放出对人体有害的气体。

(5) 性价比高。木塑套装门可实现工业化生产，且质量稳定，投资设备费用低，市场竞争力强。

32. 何谓静音门？为什么其隔声效果好于普通门？

现在市场上的木门，虽然外形美观、温馨，装饰性强，且具有保温隔声的效果，但其隔声效果还满足不了消费者要求，为此，一些木门企业推出静音门。

静音门隔声效果优于普通木门。经测试，隔声值达 34~42dB，而普通木门的隔声值为 32~35dB，因此，人们把此类门称为静音门。此种门具有以下结构特点。

(1) 门扇厚度大于普通门扇。静音门门扇厚度为 4.5cm，比普通门扇厚 5mm。

(2) 门扇内芯材料采用拱形结构的桥洞力学板，可有效吸声。

(3) 门扇与门框 45°斜角。安装铝型材镶嵌的软磁吸和密封条，开启闭合时门扇与门框间具有密封条，使其闭合更严密。

(4) 静音门的五金件，采用相应的无声合页与磁吸静音锁。

鉴于上述结构变化，静音门的隔声效果比普通门提高了五分之一。

33. 试述防盗安全门的安全级别及其代号。

《防盗安全门通用技术条件》（GB 17565—2007）中规定：防盗安全门的代号为 FAMA，按门的防破坏时间长短、板材厚度及其他指标，对防盗安全门的防盗安全级别进行划分。防盗安全级别共分为甲、乙、丙、丁四级，其中甲级为最高级，依次递减。

防盗安全采用的防盗锁宜采用三方位多锁舌锁具、门框与门锁间的锁闭点数，按照防盗级别甲、乙、丙、丁应分别不少于 12 个、10 个、8 个、6 个。

34. 试述《木门》（WB/T 1024—2006）标准中的开启方式、构造和饰面的代号。

《木门》（WB/T 1024—2006）中规定的开启方式、构造、饰面与代号见表 1-1～表 1-3。

表 1-1　开启方式与代号

开启方式	平开	推拉	折叠	弹簧
代号	P	T	Z	H

表 1-2　构造与代号

构造	全实木榫拼	实木复合	夹板模压空心
代号	Q	S	K

表 1-3　饰面与代号

饰面	木皮	人造板	高分子材料
代号	M	R	G

门扇开关方向和开关面的标志，顺时针方向关闭用"5"表示，逆时针方向关闭用"6"表示；门扇的开面用"0"表示，门扇的关面用"1"表示。

35.《木质门》（WB/T 1024—2006）标准中如何用代号标记木门？请举例说明。

木门的标记由开启方式、构造、饰面、开关方向和洞口尺寸顺序组合而成。其排序如图 1-4 所示。

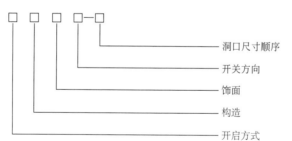

图 1-4　木门的标记

举例如下：平开实木复合门、木皮饰面、顺时针关闭、洞口宽 900mm、洞口高 2100mm，标记为：PSM5—0921。

36. 试述《木复合门》（JG/T 303—2011）标准中饰面材料、门框和门扇内芯材料、门扇边缘形状。

《木复合门》（JG/T 303—2011）标准中叙述的代号有以下几部分。

（1）饰面材料代号如表 1-4 所示。

表 1-4　饰面材料代号

饰面	单板	高压装饰纸	浸渍胶膜纸	PVC 薄膜	浮雕纤维板	直接印刷	涂料饰面
代号	D	G	J	P	F	Z	T

（2）门框和门扇内芯材料代号如表 1-5 所示。

表 1-5　门框和门扇内芯材料代号

内芯材料	刨花板	纤维板	空心刨花板	网格芯材	木条	蜂窝纸	集成材	胶合板
代号	b	x	k	w	m	f	c	j

（3）门扇边缘形状代号。

平口门扇为 P，企口门扇为 Q。

（4）开启方式代号。

右开（单扇）内平开门为 R；左开（单扇）内平开门为 L。

右开（双扇）内平开门为 Rx；左开（双扇）内平开门为 Lx。

右开（单扇）外平开门为 Rw；左开（单扇）外平开门为 Lw。

右开（双扇）外平开门为 Rxw；左开（双扇）外平开门为 Lxw。

37. 如何用《木复合门》（JG/T 303—2011）标准中的代号表示木复合门？请举例说明。

木复合门的标记由饰面材料、门扇内芯材料、门框内芯材料、门扇周边形状、洞口宽度（尺寸）、洞口高度、洞口墙体厚度、开启方向、门扇厚度等符号组合而成，如图 1-5 所示。

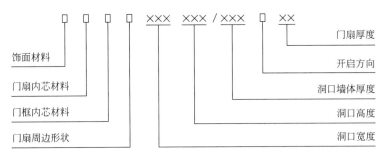

图 1-5　木复合门的标记

举例 1：单板饰面，门扇内芯为空芯刨花板，门框内芯为刨花板，企口门扇，洞口宽 900mm、洞口高 2100mm，墙厚 155mm，右开（单扇）内平开门，门扇厚 40mm，其标记为 DkbQ090210/155R40。

举例 2：聚氯乙烯薄膜饰面，门扇内芯为网格芯材，门框内芯为木条，平口扇，洞口宽 1500mm、高 2200mm，墙厚 240mm，右开（双扇）外平开门，门扇厚 45mm，其标记为 PwmP150220/240Rxw45。

38. 门在建筑施工图上如何标注？

在建筑施工图中，木门用上述代号标注在建筑施工图上，如图 1-6 所示。

（1）M1021 表示普通的单扇平开木门，木门的洞口尺寸为 1000mm×2100mm，在空间中有多处 M1021，但是关闭（开启）方向不同，开水间的木门为逆时针关闭（顺时针开启）门，卫生间、清洁间的木门为顺时针关闭（逆时针开启）门。

（2）M1521 表示普通的双扇对开平开门，洞口尺寸为 1500mm×2100mm。

（3）FM1521甲表示双扇（对开）甲级防火门，洞口尺寸为1500mm×2100mm。

（4）FM1521乙表示双扇（对门）乙级防火门，洞口尺寸为1500mm×2100mm。

从图1-6中可以看到功能不同的居室，选用的木门也不同，卫生间、开水间、清洁间的木门选用普通木门，配电室选甲级防火门，楼梯间选乙级防火门。

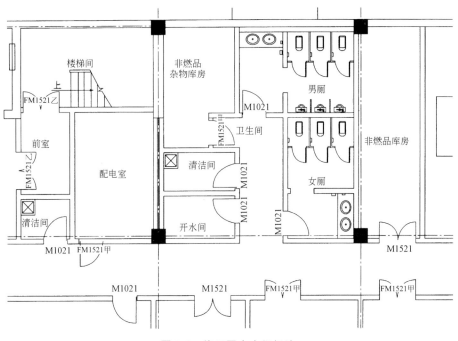

图1-6　施工图中木门标注

39. 如何正确地评价木门质量？

木门质量的好与坏，应从以下几个方面评价。

（1）木门的功能。木门的功能包括一般功能与特殊功能。一般功能是指木门必须具备的密闭性、环保性与隔断性。特殊功能是指对某一项功能有严格要求。例如，防盗门的防盗功能必须达到国家标准；防火门、隔声门、屏蔽门的功能要求必须达到相应的国家标准。

（2）木门的形位尺寸与安装质量。木门的形位尺寸直接反映木门的加工质量，最关键的是门框与门扇的配合精度，这直接影响安装质量。

（3）木门外观装饰效果与物理力学性能。此项质量都应与木门相对应的标准指标值相吻合。

40. 如何正确理解绿色环保建材？

绿色环保已经成为消费者选择建材的第一追求。绿色建材实际上就是以人为本，在环保和生态平衡的基础上，要保证在使用过程中不对人体和外界造成污染，即空气污染、视觉污染、噪声污染、排放污染等。当前，绿色建材已成为一种时尚，建材企业为了招揽顾客，都纷纷冠以"绿色"之名，令人真假难辨。

利用人工合成技术可以生产出许多代替天然产品的产品，如用化纤类产品代替棉布，人造板代替原木，塑料代替纸张和木材等。由于人工合成材料在某些性能方面优于天然材料，因此很快在市场上成为"宠儿"。最为明显的是在20世纪初，时尚的人都追求化纤、涤纶面料做成的衣服，这些面料价格也远远高于棉布。但是，在使用过程中人们逐渐发现这些面料隐藏在华丽外表下的弊端。这些"人造品"都有不同程度的有毒物质释放，成为健康的隐形杀手。因此，人们又重新追随自然绿色。

那么什么才是真正的绿色建材呢？根据绿色消费的含义，绿色建材是指在室内使用中无污染、无公害、可持续、利于消费者健康的建筑材料。

41. 如何正确衡量木门的环保质量？

木门中的有害物质主要是游离甲醛和可溶性铅、镉、铬、汞、等重金属元素，这些有害物质产生的原因有很多方面。

（1）木门的人造板材料中含有甲醛的原因有如下几个方面：

① 使用的人造板材料中甲醛含量超标；

② 木材胶接和覆贴表面装饰材料时，造成甲醛含量超标。

（2）木门中的可溶性铅、镉、铬、汞等重金属主要来自产品表面色漆涂层膜，其涂层中着色颜料，如红丹、铅白粉、铅铬黄等是不溶于水的无机物。这些无机物颜料通常是从天然矿物质中提炼并经过一系列化学物质反应制成的，因此常含有某些重金属。

（3）VOC及TVOC挥发性有机化合物。VOC及TVOC挥发性有机化合物主要来自涂料中的苯、二甲苯、甲苯胶黏剂等材料。

VOC的危害主要发生在油漆涂饰过程中，当漆膜涂层未干透，其中挥发性物质，如苯、甲苯、二甲苯、酯、酮、醇类等的挥发需要一定时间，挥发时间与当地的干湿度有关。当漆膜干透，也就闻不到味了，测试值也就极微小，甚至测试不出VOC了。

木门和其他木制品都具有以上的有害物质。为了防止有毒的建材对人体健康产生损害，国家市场监督管理总局制定了《室内装饰装修材料人造板及其制品中甲醛释放限量》（GB 18580—2017）、《室内装饰装修材料 溶剂型木器涂料中有害物质限量》（GB 18581—2009）、《室内装饰装修材料 木家具中有害物质限量》（GB 18584—2001）。

上述国家标准中，对室内装饰装修材料中的甲醛，挥发性有机化合物（VOC），苯，甲苯，二甲苯，可溶性铅、镉、铬、汞等有害元素规定了限量指标。三个标准都一致规定：甲醛释放量应小于 $0.124mg/m^3$，可溶性镉应小于 $75mg/kg$，可溶性铬应小于 $60mg/kg$，可溶性汞不大于 $60mg/kg$，可溶性铅不大于 $90mg/kg$。挥发性有机化合物（VOC）限量值（g/L）：硝基类涂料 720；醇酸类涂料 500；腻子 550；聚氨酯涂料面漆 $\begin{cases}光泽（60℃）>80，580 \\ 光泽（60℃）\leqslant80，670\end{cases}$，底漆 670。

木门测试值符合国家标准要求的都属于环保合格品。

42. 被认为绿色环保的木门有哪些标志？

木门以其自然温馨、典雅庄重、保温、隔声等突出优点成为消费者的首选。少数木门制造企业和经销商为吸引消费者的眼球，大量使用无污染、环保等宣传词来获取消费者的信赖。国家为了保护消费者的利益及企业合法权益，于1993年起授予认证机构对企业产品、管理、服务等项目进行评定权利，对于达到国家有关标准或规范要求的产品授予环境标志。

国家和国际承认的环保标志主要有两种：一种是由中国政府发布的十环标志，如图 1-7 所示；另一种是德国蓝天使标志，如图 1-8 所示。

图 1-7　十环标志

图 1-8　德国蓝天使标志

43. 中国认可的绿色环保建材 "十环" 标志的含义是什么？

中国于 1993 年起，通过权威认证机构评定产品、管理、服务等项目，对于符合各项指标的产品，即业内常说的经过 "ISO14000" 认证的产品，授予十环标志图形。从图 1-7 可见，图形的中心是青山绿水，山上面有个太阳，被十环所包围。青山绿水、太阳表示人类赖以生存的环境。外围的十个圆环，一环与一环相连，紧密结合环环相连，表示公众共同参与保护环境。另外，十环还指全民联合起来，共同保护人类赖以生存的环境。这个标志是由中国政府颁布向消费者明示环保产品的唯一标志。

44. "蓝天使" 标志由哪个国家推出？其含义是什么？

"蓝天使" 标志是由德国在 1977 年提出的，德国是世界上第一个实行环境标志的国家。

德国的环境标志用联合国环境规划署（UNET）的蓝天使表示，蓝天使标志上，外圈与内圈之间写有字母 "weil……"，中文含义是 "因为……"，外圈下面写有字母 "Jury Umweltzeichen"，中文含意是 "环境标志"。

环境标志自实施以来已经在各国获得认可，在德国国内更获得消费者认可。据德国民意调查显示，100％的消费者愿意购置标有 "蓝天使" 标志的产品，68％的消费者表示愿意支付更高的价钱购置标有 "蓝天使" 标志的产品。因此，一些积极推行环境标志的企业的营业额明显上升。

45. 木门是否是当前世界积极推行的低碳排放产品？

无论是实木门、实木复合门、木质复合门，这些产品的主要材料皆是天然木材，而木材是四大材料之一。

（1）与其他三种材料（钢材、水泥、塑料）相比，木材是唯一可再生资源。在保护生态的前提下，可有计划地砍伐，实现持续开发利用。

（2）木材在开发和生产加工过程中，对能源的消耗远远小于其他三种材料。

（3）实木复合门表面板采用珍贵木材，芯板采用速生材与人造板，木质背板采用人造板。综合利用好，生产可以实现"无废工艺"，既充分利用木材资源（小材可拼接、指接），也可回收再循环使用。由此可见，木门是属于低碳排放产品。

46. 木门按照用途可分为哪几种？

采取不同的生产工艺或添加其他材料，可制作成适合不同场合的木门。木门按用途分，主要有以下几种。

（1）内门。门扇内外两面均朝向室内。

（2）外门。门扇至少有一面朝向室外的门。

（3）防火门。发生火灾时能隔断火源的木门。

（4）隔声门。能减少声音传递的木门。

（5）保温冷藏门。能减少温度传递的木门。

（6）安全门。发生紧急情况时用于疏散的木门。

（7）壁柜门。用于壁柜开启、闭合的门。

（8）防护门。能抵御冲击波的木门。

（9）屏蔽门。能抵御电磁波干扰的木门。

（10）防盗门。具有一定安全防护性能的木门。

（11）保险门。保险库的专用门。

第二节　中国木门的文化典故与传统木门

一、木门的文化典故

47. 中国古书如何定义门？

"人所出入也"为门，也就说门是供人出入的。又曰："在堂房曰户，在区域曰门"，早期的门与户是有区别的，这与古代居住形式以院落为主有关。而门的尺寸往往是双倍的户，这从繁体字的"門"与"戶"的字形上就可以看出。故《说文》称："门，闻也，从二户。户，护也，半门曰户。"这里提到了门与户的不同作用，门是用来"闻"的。这里的"闻"，注解是："闻者，谓外可闻于内，内可闻于外也。"也就是说门不是完全封闭的，可内外知声；而户则相对封闭，重在防护。这当然也不是说门不具备防护作用。《释名》称："门，扪也，在外为人所扪摸也，障卫也。"由此可知门有触摸与保卫之用。而《广雅》则直言："门，守也。户，护也。"看似有异的门与户，共同承担守护之职。综上所述，中国古书上所定义的门往往与户同时出现。门户虽有别，但现代意义上的门，已经综合了门与户的概念。

48. 门的起源是什么？

门出现的确切时间难以考证，早在人类祖先穴居于岩洞的时代，门的雏形就产生了。山顶洞人住的山洞，在洞口挡些石块、树干之类的东西作屏障，这就是原始的人类之门。人们以石、树枝为门，如图1-9所示。

（a）

（b）

图1-9　人类祖先居住的洞穴

49. 谁是中国门文化第一人？

中国门文化第一人是有巢氏。有巢氏，亦称大巢氏，为中国上古传说人物。传说最初人们穴居野处，受野兽侵害，有巢氏教人们构木为巢，以避野兽，从此人类才由穴居到巢居，如图1-10所示。从这个角度看，有巢氏实际上代表着当时人类发展的一个阶段——从原始的山洞居住发展到建造房屋的阶段，建造房屋是人类进步的一个标志。

（a）

（b）

图1-10　有巢氏构木为巢

50. 以门为背景的历史典故有哪些？

与门有关的历史典故有玄武门之变、程门立雪、夺门之变、金凤颁诏、辕门斩子等。

51. 以门为背景的神话故事有哪些?

以门为背景的神话故事有禹凿龙门、鲤鱼跳龙门、七夕天门开、芝麻开门。门是建筑物的脸面,又是独立的建材元件,如民居的滚脊门、寺庙的山门等。中国的建筑文化,因门而彰显独特。"宅以门户为冠带",道出了大门具有展现形象的作用。在旧社会,门是富贵贫贱、盛衰荣枯的象征。谁家越穷,谁家的门就越矮小。特别是在偏僻的山村,老百姓都扎柴为门。只有那些富贵人家,才讲究门楼高巍,门扇厚重,精雕细刻,重彩辉映。这样既可与一般老百姓区分开来,又可以炫耀于长街,让人还未走近门口,自觉矮了三分,心生几分畏惧。曾有人说:中国古典建筑是门的艺术。对于寻常百姓,门还可能关系一家人的吉凶祸福,故人们常常将门置于修房造屋的首位。门作为建筑的出入口,代表了一个家的家风(门风)与资望(门望)。

52. 门所体现的礼制思想有哪些?

门作为中国传统建筑中的一个重要组成部分,除了具有相应功能外,还是封建社会中礼制思想的物质承载者。门的布局配置、规模、形制、装饰等都体现着严格的礼制要求。

(1)门堂之制。在主要殿、堂的前方必须设立相对应的门,如故宫太和殿前的太和门、天坛祈年殿前的祈年门、孔庙大成殿前的大成门等。门堂分立最主要的是体现内外有别、尊卑有序的礼制精神。有堂必另立一门,门成为建筑物的外表形式,堂才是真正具有使用功能的场所,门制成为平面组织的中心环节。这种内、外分立,表面与内涵分离的设计思想是其他建筑体系所没有的。

(2)五门之制。五门之制,被历代帝王视为古制,"天子五门"是指中轴线上的五段分割,是中国古代皇宫建筑群的组合模式,也是宫廷礼俗的格式。汉代郑玄为《周礼·天官·阍人》作注:"王有五门,外曰皋门,二曰雉门,三曰库门,四曰应门,五曰路门。"它们按照传统的礼制具有不同的功能和相应的形式。

(3)宅门之礼。中国传统庭院式建筑组群沿水平向展开,呈内向、封闭式布局,主要殿、堂等多居于院落深处,只有作为组群入口的大门朝外,门自然成为对外展示和装饰的重点。随着门的基本功能渐渐降至从属地位,门成为显示权力、地位、财富、文化和社会的象征。大门的规模、用材及色彩等既是全组建筑的等级表征,又是家庭或家族的阶级名分和社会地位的门第标志。宋代规定"非品官毋得起门屋",即宅院大门只能建为墙式门,且通常只可一间,门板不可施朱等,门前广场的大小、门前的装饰、门上的装缀也都有严格的规定。北京四合院住宅的大门就分为:王府大门、广亮大门、金柱大门和如意门等级别。

53. 与门有关的民间风俗有哪些?

门俗,就是因门而演绎出的各种民间风俗。中国古代的风俗中有许多内容都与门有关。元日有关门的礼俗热烈隆重:鸡鸣而起,先于庭前爆竹,再挂画鸡、插桃板、贴门神;迎春日,看土牛、芒神,或插春鞭、春花于门首;上元张灯于门,采荠菜悬于门;清明沿门插杨柳;端午家家伏日闭门避暑;重阳茱萸酒洒门户……在少数民族的民俗之中,与门相关的内容更是不胜枚举,门在我国民俗中具有重要的文化内涵。

54. 门上题名有哪些文化底蕴?

门上题名包含着丰厚的文化底蕴,是文化的浓缩,是弘扬礼教、书写理想、歌颂功德、旌表功名、彰显节孝的位置。牌楼门显要部位的正楼匾、次楼匾为题写颂词提供了最有利的条件,园林中的门名则起到点景和抒发士子闲情逸致的重要作用。

55. 门的装饰包括哪些?

中国古代历来重视住宅门户入口的营造与装饰,将之视为人的脸面,自古以来门就是户主和家庭的社会、经济地位的标志和象征。但是有时门本身的表现力不够,就需要对门进行包装及多方面的装饰。门的装饰往往能够反映出主人的理想和追求,将雕刻和绘画作为门上装饰。门的附属装饰有很多,属于门本身的有门钉、看叶、门环、门簪、铺首等,属于门的附属品有门神、门画、门墩、门联、门上祈福物、门上避邪物、门上应时装饰物等。门钉光滑闪亮,看叶精雕细琢,铺首奢华威严,门簪样式繁多,门神、门画、门联等题材广泛,更富装饰效果。这些门上的装饰都被赋予一定的思想内涵,最大限度地体现门的精神功能。门饰中的龙,是皇家的形象象征;莲意喻人活于世,但不为污浊的世俗生活所染,洁身自好,或人虽身居下位而仍保持气节;狮子,因为"狮"与"事"谐音,所以装饰中用狮子滚绣球寓意好事连绵不断;两只狮子表现"事事如意";大狮小狮相戏构图,大狮称为太师,小狮称为少师,借用太师的官名仙鹤代表长寿;葫芦爬蔓,象征子孙万代永绵长……这些装饰都成了表现建筑及主人美好愿望的寄托。每逢春节,按照北方的民俗习惯,人们要在门上贴门神、对联、吊钱,将房屋主人的理想、愿望和追求表现出来,祈求来年平安幸福,并增添节日的喜庆气氛。

56. 中国古代门的种类有哪些?

中国古代建筑在世界建筑发展史中具有独特的地位。中国古代建筑的特点除了房屋为木结构体系外,建筑多以群体的形式出现,所以建筑的门也各有不同。建筑群体差别很大,情况多样,大者可以是城市、宫殿,小者可以是四合院、天井院住宅,因而门的种类就非常多,有宅门、里门、市门、庙门、校门、厂门、寨门、衙门、狱门、宫门、府门、城门等诸多种类,它们的形式和内容是门所反映、承载的历史与文化。门上的雕刻装饰和色彩的处理,都在不同程度上表现了古代的文化内涵、封建的礼制、伦理道德、理想追求等。门的形态也显示了各地区、各民族、各宗教的特征。从门的变化看,商周时期的门古朴醇厚;先秦两汉的门粗犷宏伟;唐朝的门雍容平和、精致内敛;明清以后的门光华四射,渐趋精巧细腻。各时期的门虽然美感各异,但与绘画、书法、陶瓷、玉器等艺术品一样,折射时代光芒,凸显人文特色。

57. 关于门的著名诗词有哪些?

鸟宿池边树,僧敲月下门。——唐·贾岛《题李凝幽居》

甲第面长街,朱门赫嵯峨。——魏晋·张华《轻薄篇》

玉户临驰道,朱门近御沟。——唐·崔颢《相逢行》

画堂昨夜西风过,绣帘时拂朱门锁。——唐·冯延巳《菩萨蛮》

朱门拥虎士,列戟何森森。——唐·李白《经乱离后天恩流夜郎忆旧游书怀赠江夏韦太守良宰》

黄莺不语东风起，深闭朱门伴舞腰。——唐·温庭筠《杨柳枝》

东风里，朱门映柳，低按小秦筝。——北宋·秦观《满庭芳·晓色云开》

青苔芜石路，宿草尘蓬门。——南北朝·谢庄《怀园引》

朱门沉沉按歌舞，厩马肥死弓断弦。——南宋·陆游《关山月》

花径不曾缘客扫，蓬门今始为君开。——唐·杜甫《客至》

莫问万春圆旧事，朱门草没大功坊。——清·王士祯《秦淮杂诗》

蓬门未识绮罗香，拟托良媒益自伤。——唐·秦韬玉《贫女》

读书兼射猎，不屑夷门傍。——明·柳如是《赠宋尚木》

去年今日此门中，人面桃花相映红。——唐·崔护《题都城南庄》

高高至天门，日观近可攀。——唐·李白《送范山人归太山》

二、传统木门

58. 简述传统木门的历史文化内涵。

中国古代社会，一直把礼字作为治理国家的指导思想。礼不仅是一种思想，还是一系列行为的具体规则，它不仅制约着社会的伦理道德，还制约着人们的生活行为。

建筑是以其物质与精神两方面的功能为社会需要服务，在以礼为核心的中国古代封建社会也不例外。礼制约着社会生活的各个领域，因此，礼也必然会在建筑上表现出来。例如，在唐代《营结令》中规定：都城的每个城门可以开三个门洞，大州的城门开两个门洞，县城的城门只能开一个门洞。

明代初期，对亲王以下各级官、民的宅第规模、形制、装饰等都做出了明确规定。人们建房不得违反《明会典》规定：公侯之家前厅七间或五间，中堂七间，后堂七间；一品、二品官员的官厅五间九架；五品至三品官员，厅堂五间七架；九品至六品官员厅堂三间七架。这里的间是指房屋的宽度，两根柱子之间的距离算一间。架是指房屋深度。

由此可见，建筑上的礼制等级通过房屋的宽度、深度、装饰的程度等体现，成为封建社会礼制的一种标志与象征。而建筑的木门是建筑的出入口，自然占有重要的地位。门除了供人出入的功能以外，更具有精神上的作用，人们在门的美化、加工中注入了许多思想内涵。从门上的门钉、门环、铺首、门的彩色，构件的形态颜色中，可以看到中国传统木门的发展过程。

在建筑中，应用象征手段表现思想内涵的方法有数字象征法。数字"九"在单数中为最高数，是帝王的象征，因此，凡皇室宫殿的大门门板上都有九九八十一个金门钉。凡王府、官府皆按等级高低而有规定的形制。据明史记载，亲王府的大门使用丹漆金钉铜门环，门钉用九行七列共六十三枚；公主府大门门钉共四十五枚……由此可见，门钉数量、门的颜色、门环的材料已演变成代表等级的符号。这种门上的装饰构件的演变过程，在中国的封建社会的建筑构件上几乎成了一种规律。大门的形制就是一种权势与财富的象征，这种象征还形成了一种传统意识，这种意识在历史的发展中起着长远的作用，尤其在农村，这种作用至今还表现得很明显。例如，陕西长武县的十里铺村是一个窑洞村，经调查发现，在这个村的几十户大门门扇的形式上，有如下四种现象：

① 木板门在门中央有两个铁制门环以外，无任何装饰；

② 木板门不涂油漆，有门环，门上钉几排门钉；

③ 门板漆成黑色，中间安门环和铺首，门钉下还钉涂银色的铁皮，很醒目；

④ 门涂成红色，有成排的金色门钉，中央安门环与铺首，其形状与宫殿大门铺首的形状类似。

上述四种门的形式与住房主人的经济状况直接相关联，由简单到复杂装饰的门，代表着主人由贫穷到富裕的不同生活水平和理念。该村大门也表明传统的意识还在影响当代人的生活。作者曾经访问该村的一户人家，他的院中房屋已拆除，正在盖新房，但院大门已盖好，红漆大门、金色门钉，两只兽头衔着金属门环。问他：新房还没建好，为什么大门先修？主人答：门是一家的脸面，象征主人的地位与财富。所以，人们至今还是这样认识和理解门。

59. 简述传统木门颜色的文化寓意。

中国传统文化中，各种颜色的寓意有所不同，所以封建社会对门油漆的颜色，很有讲究，从门的颜色可以识别主人的身份。

人类最早识别红色，早晨的太阳是红的，太阳给人类带来光明与温暖；火也是红色，火能烧食，从而结束了生食；火又能烧砖盖房，使人类又极大进化。据考古学家考证，在北京周口店北京猿人的居住洞穴中发现烧红的砾石，这种砾石是原始人类的装饰品。由此可知，古人对红色有特殊的感情，在民间结婚、寿庆、生日都喜用红色，红色被认为是正色和吉庆之色。红色也就被赋予了封建等级的色彩，它和门上的门钉与铺首共同组成了封建礼制的标志，凡皇室宫殿的大门都是红门、金钉、金铺首。

封建时代，朱门是等级的标志，人们不能随便使用。但黄色之门，也是很高贵的。朱漆大门曾是至尊、至贵的标志，不能随便涂刷。为此，朱户被纳入九锡之列。所谓九锡就是天子赐给诸侯与大臣九种器物，是指天子向诸侯、大臣赐予最高的礼遇。根据《韩诗外传》的描述，九种器物中排在第六的就是朱户。

天子赐朱户的礼遇，也就是恩准诸侯、大臣可以在大门上漆上朱红色，这是一种高规格的待遇。虽然受赐者完全有能力自己来涂刷自己门户，但没有天子的恩准是绝对不能自行操办的。

明代初年，朱元璋申明官民宅第之制，对于大门的色漆也有明确规定。《明会典》记载，洪武二十六年规定，公侯门用金漆，一品、二品官员门用绿色油漆，三品至五品官员门用黑色，六品至九品官员黑门，庶民所居住的房舍门不许用彩色装饰。

从上可以看出，从帝王宫殿的大门到九品官员的大门的颜色依次是红、黄、绿、黑。

旧时，黑色大门很普遍，黑色是非官宦人家的门色。如山西祁县乔家大院虽然规模宏大，但其宅院的大门，也只能是黑漆大门。乔家大院虽然富有，但还是民宅。济南旧城的居民四合院的大门也是黑色，但门上有红底对联，在黑中亮着艳色。

在东北一些地方，宅院的黑漆大门被称作"黑大门"，虽然大门纯黑，但人们同时贴上五彩门神画，那是"黑煞神"的象征。因此，当地民间将黑大门说成是"黑煞神"，并传说用"黑煞神"当门，邪气难侵入，门色成了"门神"的寓意。

与黑色门形成巨大反差的是"白板扉""柴门"，这二者都不涂色，保留木板原始的本色，比起朱门的红色，自然寒酸了些，但正是农家简朴生活和低下的社会地位的写照。

60. 试述传统木门门钉的由来。

门本身最重要部分是一扇、两扇甚至多扇的可以关启的门扇。在中国古代建筑中，门都是用木板制成的。一般住宅中的门扇，至少有60厘米宽，寺庙、宫殿等大型建筑的门扇宽度都在1米以上，这样宽的门扇不可能由一整块木板制成，而需要用几块木板横向拼合而成，所以将这类门又称为"板门"。

板门门扇的拼合，最简单的办法就是在门板的后面加上几条横向的木条，再采用铁钉将木板和横木固定在一起，这种铁钉的钉子头为了美观，做得比较大且光滑，于是在木门的门扇上留下成排的整齐的钉头，人们称其为"门钉"。

61. 简述传统木门门钉的历史文化内涵。

门钉是一种传统木门的装饰，如图 1-11 所示，门钉一般安装在、宫门、城门、院门的板门上。广为人知的是，北京故宫的宫门，有两种门饰最为醒目，即铺首与金光闪闪的门钉。

门钉纵横皆成行，圆鼓鼓的门钉与厚重的门扇正相称，凸显庄重和气势。门钉作为宫廷建筑外檐木门上的一种装饰件，本是出自木板门的工艺需要，但是到后来门钉除装饰性以外还体现等级。门钉经历了一个无意成形到有意为之的过程。因此，门钉的发展与变化，也在一定程度上反映了封建社会建筑礼制的演变。

最早记载"门钉"使用情况的古代文献是《洛阳伽蓝记》，它记载了北魏熙平元年间洛阳永宁寺的佛塔，"四面，每面有三户六窗，户皆朱漆，扉上有五行金钉，其十二门，二十四扇，每扇门上钉五行，每行为九颗钉"。由此可见，北魏时期建筑门也已经使用门钉。

然而，中国营造学社的古建筑专家刘敦桢 1936 年在河南少林寺发现，金元时期的古塔门钉的数目，无论纵横双方均极自由。例如：金代正隆二年的西堂老师塔，门为双扇，每扇排列门钉上下四行，每行四钉，两扇共计三十二钉。

图 1-11 门钉

随着朝代更迭，人们对门钉的数量更加讲究，门钉的多少体现了居住主人的地位。如皇宫城门上的门钉每扇门九排，一排九个，共计八十一个。在古代"九"是最大的阳数，象征"天"，所以皇宫的门钉有八十一个。但是东华门的门钉却少一排，是七十二个，其原因是文武百官上朝走东华门，这门是给文武百官走的，所以比其他宫门少九个门钉。

王府的门钉六十三个；公侯府的门钉四十九个；官员的门钉二十五个；而老百姓不能钉门钉，所以平头百姓叫"白丁儿"。

门钉古代俗称"浮沤钉"，"排立而突起者"当指门钉，浮沤是水面的气泡，"浮沤钉"这一俗称概括了门钉造型的特点——装饰在门扇上，如浮于水面的泡。

门钉还被纳入民俗活动，明代沈榜在《宛署杂记》中说："正月十六夜，妇女群游，祈免灾咎……暗中举手摸城门钉，一摸中者，以为吉兆。"从上述可见，门钉在民俗活动中具有神秘的含义。

62. 简述门铍的历史文化内涵。

门铍即门环，是中国传统木门上不可缺少的饰物。门铍一般安装在外门的门扇上，便于开门、关门。院内人出门时，双手拉住铁环中部带上门；外来人则轻叩门环，以唤院内人开门；若熟人来，通过叩门环的响数就知道其人是谁。

　　门钹安放在门扇上的年代很悠久，西汉墓出土的文物铜屋，其上就装有一对门钹。门钹状如钹，周边常取圆形（图 1-12）、六边形、八角形，在中部隆起处吊铁环。门钹与图 1-13中的民间如意门环类似，门扇固定的地方呈圆形。由于六角形的门钹状如乐器中的"钹"，形又如防雨戴的草帽，所以民间也有人称之为门上的"铁草帽"。

图 1-12　门钹

图 1-13　民间如意门环

在封建社会时期，门铍与上题所述的门钉一样，按照门铍的制作材料来划分等级。据《明会典》记载，亲王府和公主府大门可用铜门环，公侯门和一二品官府和三至五品官可用锡门环，六至九品官可用铁门环。

63. 试述传统木门装饰件——门簪。

古代仕女梳头打扮，青丝高髻，往往在乌发上簪鲜艳的鲜花，有的还簪金钗来美化自己，古人为了打扮宅院外门门脸也用"门簪"来修饰。

传统门框是由左右两根框柱、上面一根平放的方木（横梁）组成的，这个框架固定在墙洞之间。门扇就安在门框上，能借助外力自由开闭，其开闭靠的是门扇边上下突出的门轴，固定上门轴的是一条被古代人们称为"连楹"的横木。在连楹的两端开有圆孔，正好固定上门轴，连楹靠几根木栓和门框上面被称为"上槛"（亦称为中槛）的枋子固定。这几根木栓的外形像钉子一样，一头是大木栓头，一头却做成扁平状，插入上槛与连楹木的卯孔中，再用一根小木钉加以固定，木栓头就露在门外的上槛木上。视门扇的大小决定用两个或者四个（必须成双）木栓头。因为木栓头的位置与作用都与妇女头上的发簪相似，所以古人取名为"门簪"，如图1-14所示。

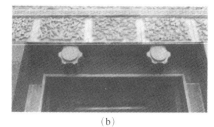

(a)　　　　　　　　　　　　(b)

图 1-14　门簪
(a) 四川寺庙门上的门簪；(b) 北京四合院大门上的门簪

门簪形状多样，有多角形、圆形、花瓣形等，给木门增添了色彩和造型。有的门簪上写有祝福的词语，如吉祥如意、福禄寿喜等，增添了门的装饰意义。

64. 试述门枕石的作用及文化内涵。

门扇通过上下门轴与门框相连接，上门轴已在上题中述说，下门轴与上门轴有一样的作用，既保证门扇能够转动，还要承受门扇的重量，所以承载下门轴的构件都采用石料。人们根据其安装的位置和作用，取名为"门枕石"，亦称"门当"。

门枕石是一块方石，平置于门框柱的下方，一半在门框里，在上方开出一圆形小凹槽。下门轴就放在这个凹槽中。门枕石的另一半露在门框的外面，在枕石的中间与木框相齐，开有一条凹槽，这是用来放门槛的。

门枕石在门内的一半因为不易被看见，所以通常不做美化，最多也只是美化线脚，但是在门外的一半都做加工装饰，用得最多的门枕石装饰题材就是石狮子，如图 1-15 所示。狮子作为守门兽，在宫殿、寺庙、王府的大门外都是雌雄二狮分列于大门的两侧，其神态威武。一般北京四合院住宅的大门两旁也有狮子，但只用于门枕石。若建筑的主人略有地位和财力，门口的狮子也会做得有模有样。但是在大多数百姓的家门口，狮子只能做得很小，有时只能在圆形的抱鼓石上，雕出一个小狮子头；再普通一些的，门枕石上只做抱鼓石，如图 1-16 所示。

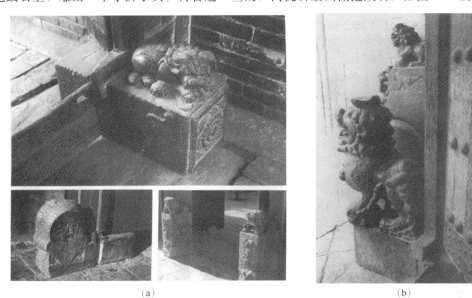

(a)　　　　　　　　　　　　　　　　　　(b)

图 1-15　门枕石狮子
(a) 北京四合院大门门枕石；(b) 山西住宅门枕石上石狮

(a)　　　　　　　　　　　　　　(b)

图 1-16　门枕抱鼓石
(a) 广州陈家祠堂大门抱鼓石；(b) 浙江寺庙门抱鼓石

65. 试述传统木门门斗的文化内涵。

门斗是在安装门板门框上的一段框架，中间有一块木板。在宫殿式大门的上方也有带木板的框架，称为"走马板"。在江南砖筑牌科门楼上，也有当地人称为"字牌"的框架，字牌是用来刻写文字的地方；字牌在西北地区的陕西窑洞更为盛行，几乎家家都安有字牌。陕西窑洞式住宅的院门，多为砖筑门楼的形式，在门楼内安装门框，门框分为上下两部分，下部安装门扇，上部呈扁长形，这就是当地人称为"门斗"的部分。人们在门斗上刻写或书写文字，文字的内容并不是住宅名称，而是主人所喜爱的人生格言和愿望。一座大门本身就可以体现中华文化的内涵。

66. 何谓铺首？试述其文化内涵。

铺首是门钹（门环）的底座，它既是装饰，又含有驱邪之义。铺首的造型多是怒目的猛兽，露齿衔环，将威严气象带上大门，充当门的辟邪物。

铺首兽头，大约是由螺形演变而来。明代杨慎在《艺林伐山》中写了龙生九子的传说。世上本无龙，龙的神话由人创作，人们又编造出有关龙的"枝枝蔓蔓"，于是有了龙生九子的传说。九子中就有椒图，椒图其形似螺蛳，性好闭，故立于门上。所谓"性好闭"，即似螺之闭，以此强调门之闭。铺首的兽头有威形厉态，即戒备与示威合一的形象，人们可以这样理解，它貌似威严，遇到不利情况就把自己头缩进螺壳，十分安全。铺首有闭藏周密的精神，它在黑漆的门扇上存在了几千年，蕴含着中国木门文化的精髓。

汉孝元帝的殿门为龟蛇之形，这是四象之一。近年出版的有关汉代图案的图书，载有朱雀、双凤、羊头、虎、狮等兽头状铺首，猛兽怒目，露齿衔环，如图 1-17 所示。

(a)   (b)

图 1-17　木门铺首
（a）宫殿大门铺首；（b）民居如意门环

67. 试述槅扇门的文化内涵。

槅扇门又称为格子门、扇门。槅扇门主要用于内门，它分为两部分，上为格心，下为裙板，格心与裙板之间用绦环板隔开。绦环板又称中夹堂板。

在唐代建筑中已开始采用槅扇门，开始时的槅扇门多为直棂、方格，较简朴。从宋代开始，槅扇门逐渐起变化，屋门的格心非直木条组合，门的裙板部分装饰有人物、动物、花卉等图案，显示了槅扇门的华丽格调。

格心也可用木板浮雕、透雕、镶嵌在门的框架中。云南丽江纳西族传统的民居中，还保留有多层次的透雕格心，其底层往往雕万字穿花图案，面层雕饰人物、鸟禽动物、琴棋书画等图案，雕技精细，堪称艺术品。

由棂条组成的格心，有的在其上糊纸或镶玻璃，其图案在阳光或灯光照射下形成剪纸般镜透光影，屋外看或室内观，其效果极美。槅扇门的装饰，从简单到华丽，反映了中华民族对门的装饰文化与美学追求。如图 1-18 所示。

六角全景纹　　　　　十字川龟井纹　　　　　十字川龟六角式

(a)　　　　　　　　　　　　(b)

图 1-18　槅扇门
(a) 槅扇门图样；(b) 近代中式风格木门造型

第二章

木门材料的基础知识

第一节 木材

一、木材的基本概念

1. 试述木材的特点。

木材通常是指树木的树干部分，又被称为原木、实木，它是由纤维素、半纤维素和木素等组成的天然有机高分子绿色材料。

木材具有其他建筑材料没有的天然香、色、质、纹等特点，具体如下：

（1）木材具有天然的色泽和妙趣横生的花纹图案，且容易着色和涂饰。

（2）木材具有较高的强重比，其强度和重量的比值，大于普通的钢铁。

（3）木材具有一定的绝热性与保温性，木制品给人以冬暖夏凉的舒适感，这是因为木材细胞结构中有孔隙，孔隙中充满空气，阻碍导热。

（4）木材具有绝缘性，对电的传导性小。

（5）木材既有一定硬度，又具一定可塑性，因此它容易接受各种刀具的锯、刨、钻等加工。

（6）树木可自然生长，也可人工培植，是持续发展的有机材料。

但木材也有其不尽如人意之处：

（1）木材具有吸湿性，随着大自然环境干湿度的变化而吸收或散发水分，造成木材膨胀和收缩，因此，木材的这一特性会影响木门制品成品的质量。

（2）木材具有各向异性，所谓各向异性就是木材各个部位的材性不同。

（3）木材易受生物菌类侵蚀，而产生腐朽、变色、虫眼等缺陷，降低木材使用性能。

2. 木材按树种类别分为几大类？

木材按树种可分为两大类，即针叶材与阔叶材。

（1）针叶材。针叶材的特点是树叶形状呈针状。由于该类木材无导管，在木材的横切面上看不见导管和管孔，所以又被称为无孔材。针叶材包括松树类，如云杉、冷杉、落叶松等。该类材料的特点是材质软、易加工、纹理直，可做实木门，但其材质不如阔叶材细密。

（2）阔叶材。阔叶材的特点是树叶呈扁平状。该种木材在横切面上可见导管与管孔，其材质普遍坚硬，包括水曲柳木、麻栎、柞木、花梨木、樟木等。阔叶材的树干通常比针叶材的短，表面密度大，纹理细致、美观，比较适合涂刷清漆（涂饰的木门）。

3. 木材在加工过程中，可以锯解成几个切面？

木材是由无数个细胞组合而成，在不同的切面上，它的形状、大小显现出不同形态，因此，在锯解木材时，在不同方向锯解可得出不同的切面。一般进行纵向或横向锯解，这样锯解对研究、利用及使用木材最有价值，可获得三个切面，即横切面、弦切面、径切面，如图 2-1 所示。

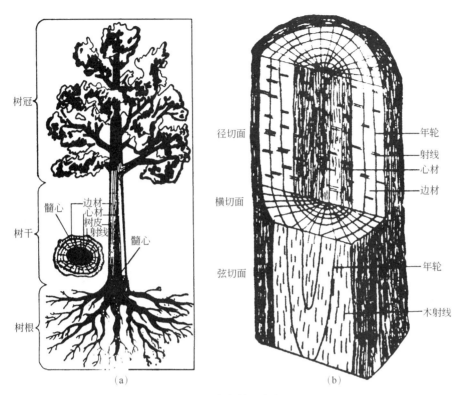

图 2-1　木材的三个切面
（a）树木；（b）木材的三个切面

在木门中使用的板材和薄木，均为弦切面与径切面的木材。

4. 何谓木材横切面？为什么木门使用的木材不选用横切面？

木材横切面就是在树干的轴向横锯，即垂直轴向锯解得到的面，如图 2-1（b）所示。

木材在该切面上的年轮呈同心圆状，木射线自髓心辐射出一根根细线。横切面可以显现出木材细胞间的联系、排列方式和纵向细胞的断面。横切面是识别和研究木材材性的重要切面。

开裂是木材的不良现象，但要求木材不开裂是不现实的。横切的木材往往比径切和弦切木材更容易开裂，而且开裂更严重。因为将木材横锯开后，其外部水分蒸发快，水分少，而内部水分蒸发慢，水分多，产生不均匀应力，造成木材断面开裂，所以通常不会使用横切面加工木门。

5. 何谓木材弦切面？试述其特点。

弦切面是木材沿着树干轴向锯解，与年轮相切的纵切面。它在切面上的木射线呈细线状或纺锤状，其纹理的图案如图 2-1（b）所示，呈山峰状或 V 字形状。但是在木材锯切成板状时，不可能每块木材都符合上述要求，纹理往往有一定偏移，因此，在木材商品流通中，将板面宽与生长轮之间的夹角在 0～35°的板材称为弦切板，如图 2-2 所示。该类

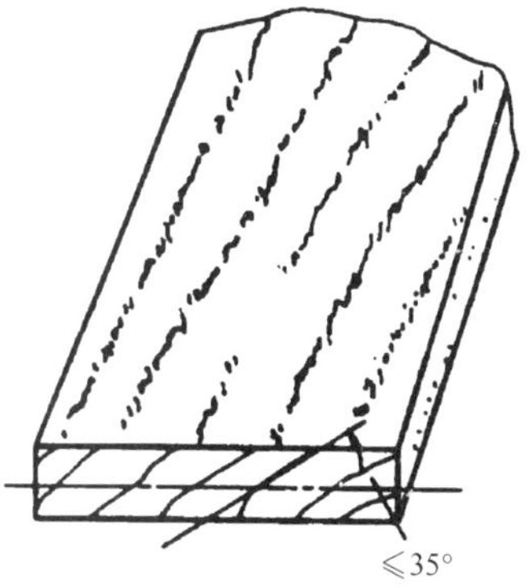

≤35°

图 2-2　弦切板

板材具有以下特点：

（1）木材纹理图案清晰、粗犷。

（2）木材的干缩率大于径切板，其干缩率为 3.5%～15%，因此其变形量大于径切板。

6. 何谓木材径切面？试述其特点。

径切面是锯切木材时，沿着树干长轴方向，与树干半径方向一致或通过髓心的纵切面。径切面上年轮呈平行条状线。与弦切板一样，在木材锯剖时不可能刚好在该位置，往往都有偏移，因此，在木材商品流通中，把板宽与生长轮之间夹角在 45°～90°的板材统称为径切板，如图 2-3 所示。

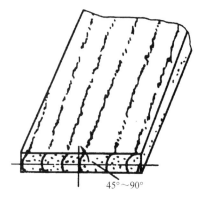

图 2-3　径切板

采用该板材加工成的木门变形量小于弦切板，因为该料板的干缩率为 2.4%～11.0%，比弦切板小。如麻栎木的径向干缩系数为 0.152%，而弦向干缩系数为 0.310%；柞木径向干缩系数为 0.181%，弦向干缩率为 0.310%。

7. 木材的宏观构造具有哪些主要特征？

木材的宏观构造是指用肉眼或借助 10 倍的放大镜能观察到的木材构造。木材的宏观构造分为主要特征或辅助特征，其主要特征如下。

（1）木射线。在木材的横切面可见许多浅色条纹线，由内向外呈辐射状穿过数个年轮，这种形状的条纹称为木射线。

（2）管孔。大多数阔叶材靠导管轴向输导水分，因而导管在横切面上就呈孔状，其孔肉眼可见，此孔被称为管孔。但是在针叶材的横切面没有管孔，故管孔是识别针叶材与阔叶材的主要特征。

（3）年轮、早材、晚材。在木材横切面上，可见一圈圈的木质层，似同心圆，该圆圈即为年轮。一个圈代表一年生长期，圈数就代表该树的树龄。

通过年轮内部又可分早材与晚材：早材是生长季节初期形成，其细胞分裂及生长迅速，故材质疏松，材色较浅；晚材是在年轮外部系生长季节后期形成，细胞分裂及生长缓慢，材质坚硬。

（4）边材和心材。木材的横切面上，靠近树皮、材色较浅的部分称为边材。靠近髓心、材色较深的部分称为心材，如图 2-1 所示。

（5）髓心。髓心位于树干的中心部分。但由于树种和生长环境不同，因此髓心的位置都有偏移，形状也各异，有三角形，如桤木；也有长方形，如桉树。髓心的组织松软，强度低，易开裂，且周围多节，所以生产高档的木制品，不允许使用带髓心的板材。

（6）管孔内含物。有些材种，在心材管孔内含有一种泡沫状的有光泽的填充体，这种填充体称为侵填体。

从侵填体多少或有无，可识别木材的种类。如红栎与白栎外形很相似，但红栎却无侵填体，白栎有，从有无侵填体就可区分是红栎还是白栎。

还有些树含有矿物质或有机物质，如桃花心木和柚木，其导管中常有白垩质沉淀物，该沉淀物能提高木材的耐久性。

（7）树脂道。树脂道是针叶树独有的，在木材的横切面上呈浅色的小点，在木材纵切面上呈深色的沟槽或线条。

（8）轴向薄壁细胞。在阔叶树的横切面上，可见比木材颜色浅的线条，或围绕管孔的圆圈或斑点状。

8. 木材的宏观构造具有哪些辅助特征？

木材除了上述的主要特征之外，还可以通过五官等识别另一些特征，该些特征被称为辅助特征，如颜色、光泽、纹理、结构、气味、花纹等。

（1）颜色。木材细胞本身没有颜色，但由于木材的内含物，如树脂、色素、氧化物等有颜色，因而木材呈现各种颜色。木材的颜色是识别木材的特征之一，如非洲铁木、豆木为红褐色，苦楝木为浅红色，椴木为白色，乌木为黑色。

（2）纹理。纹理指木材细胞的排列情况，细胞与树木轴向排列叫直纹理，如杉木、红松；细胞与树轴不平行排列叫斜纹理，如侧柏、桉树等。斜纹理因木材细胞做各种倾斜或相互交错，出现各种纹理，如交错纹理、波状纹理、螺旋纹理。斜纹理的木材不易加工而且易变形。

（3）光泽。木材的光泽指木材细胞壁对光线吸收和反射的结果。若反射光线能力强，吸收光线能力差，则在木材表面呈现显著光泽。如云杉材面显示明显的光泽，而冷杉则无，因此冷杉和云杉虽然外形很相似，但可以从光泽区别；又如阔叶材中筒状非洲楝，也具有明显的光泽。

（4）气味。木材含有各种芳香油和其他化学物质，因此木材会发出香味或异味。气味也是识别木材的一种特征，如香樟木有浓郁的樟脑香气，檀木有檀香，柚木有皮革味，栎木有涩味，黄连木有苦味。通常新伐的木材，气味比较显著。

（5）花纹。木材结构有年轮、木射线、节痕、管孔等纵向排列而成各种图案，这些被称为木材花纹。通常针叶材花纹简单，阔叶材花纹丰富多彩，如核桃木、花梨木、水曲柳树等材种，锯切或刨切后都会呈现出似水或瘤状特殊花纹。

（6）结构。木材结构是指组成木材各种细胞大小及差异程度导致的粗结构与细结构，粗结构的有水曲柳、泡桐等；细结构的有柏木。另外根据细胞大小和均匀程度，木材又可分为均匀结构和不均匀结构，均匀结构如栎木、槭木、柏木；不均匀结构如桦木、落叶松、榆木。

粗结构且不均匀的木材在加工时易起毛，不易涂饰，但花纹漂亮；细结构且均匀的木材易加工，材面光滑。

9. 试述木材的微观构造。

识别木材时，通常用肉眼或放大镜识别和分析各种木材的主要特征。但难用肉眼辨别时必须将木材做成切片，借助显微镜才能确定木材的树种，因此必须了解木材的微观构造。

（1）木材的细胞构成。木材由无数细胞组成，每个细胞均具有细胞壁，内为细胞腔。当细胞活着时，腔内含有原生质，原生质在细胞形成之后消失，此时只剩下中空的细胞腔和细胞壁。

（2）细胞壁的构造。细胞壁主要由纤维素、半纤维素和木素组成。细胞壁的木质主要是木素作用的结果，它使细胞壁变得坚实起来。木质细胞的细胞壁构造可分为细胞间质、初生壁、次生壁三部分，其中大部分是次生壁。

① 细胞间质是无固定形状的胶体物质，充满在两个细胞之间，是两个相邻细胞中间的一层，这层很薄。

② 初生壁是形成层线母细胞分裂成子细胞后最先形成的细胞壁，其一边为细胞间质，另一边为次生壁。

③ 次生壁是细胞增大过程中最后形成的一层，它的厚度因细胞的种类而不同。

在次生壁加厚的过程中，有时留下细胞间的孔道，内壁的螺纹加厚。有些木材的细胞，其次生壁不仅厚，在内壁上又有螺纹加厚，呈螺旋状排列，因此，螺纹加厚及数量多少是木材识别的重要特征。

纹孔是木材细胞加厚时局部留下的孔道，孔道是两个相邻细胞之间水分和养分的交通要道。树木各细胞间生活机能的联系全靠纹孔。它是木材细胞构成的重要组成部分，对木材识别具有重要的作用。

在大多数情况下，纹孔是成对出现的，即两个相邻的纹孔连成一对，称为纹孔对。纹孔也有时通向细胞间隙，而不与另一个细胞的纹孔相连通，这样的纹孔称为盲纹孔。纹孔一般有单纹孔与具缘纹孔，单纹孔主要是薄壁细胞的纹孔，具缘纹孔常为厚壁细胞的纹孔。

木材内相邻的不同细胞常组成不同的纹孔对，如薄壁细胞间常以单纹孔对的形式出现，厚壁细胞间常以具缘纹孔对的方式出现，而厚壁与薄壁组织间以半具缘纹孔对相通。

10. 试述木材识别的方法。

木材树种的识别是一项实践性很强的工作，长期以来，人们根据自己的工作经验来识别、判定、区分树种。

要准确识别木材，首先要学好木材基本知识和掌握好木材识别方法，多与标本对照。木材识别有宏观和微观识别两种。一般宏观识别依靠放大镜及肉眼观察原木，根据上文所述的木材构造、缺陷等，用触感、尝味、抽出液比色等方法。宏观识别简易、快捷，较适合生产，但是准确度较差。显微识别比较精确、可靠，但方法复杂，需借助显微镜，用切片机将木材切片放置在显微镜下识别。通常在宏观识别的基础上再做显微识别。

（1）通过树皮、材表进行识别。这是一般原木识别的主要方法。树皮是区分树种的重要部位，树皮的特征主要包括外皮颜色、外皮形态、树皮质地、皮孔形态、皮底情况、内皮断面花纹等。材表是指原木剥去树皮后的木材表面，可分为平滑、波浪、尖削等几种类型。

（2）通过木材结构进行识别。这一方法主要是对不带树皮的原木进行识别，只能从构造识别，具体内容参照本章第7问、第8问与第9问的内容。

11. 木材的材种有几种称谓？对实木门应如何标识？

木材来源于树木，树是植物，因此木材常按植物定名。木材通常有以下几种名称称谓。

（1）拉丁名称。拉丁名称是世界通用名称，采用拉丁文字，由属名＋种名＋定名人构成，简称学名。

（2）一般名称。木材和其他物件一样，各有名称或名字，如松木、柏木、桦木等，这些是统称。实际上，松木类有红松、白松、赤松、落叶松等，所以这种称谓不明确，有失严谨。

（3）商品材名称。商品材名称是木材在商业流通中的称谓，商品材名称与树种名称关系密切，既一致，又有区别。商品材名称范围广泛，木材归类是以树木学的"属"为基础，把材性和用途相近、识别无困难的树种归为一类。

（4）标准名称。任何物品都有一个规范名称，树木名称因产地和木材的特征不同，学者、经销商和木制品生产者不同，各有各的叫法。因此，国家规定应该统一按照国家发布的《中国主要木材名称》（GB/T 16734—1997）、《中国主要进口木材名称》（GB/T 18513—2001）、《红木》（GB/T 18017—2000）所规定的木材名称称谓。

二、木材的物理性质

12. 木材具有哪些物理性质？哪些重要指标会直接影响木门的质量？

木材的物理性质是指既不破坏木材的完整性，又不改变木材的化学成分所具有的性质，包括木材水分、相对密度、干缩率、湿胀系数等，以及木材与热、电、声、光波物理现象发生关系时所表现出来的性能。物理性质可以直接影响木制品的强度，而其中的干缩率和湿胀系数直接影响木门的加工、生产质量和使用质量。因此，深入研究木材的物理性质既能提升木门的质量，又能合理利用木材和节约木材。

13. 试述木材孔隙中水分的含义，它对木材有何影响？

木材是一种毛细多孔材料，木材孔隙中的水分对木材强度、干缩率、湿胀系数、相对密度及木材的耐久性都有不同程度影响。因此，木材孔隙中的水分对木门的加工和使用有着至关重要的影响，必须了解水在木材中是以何种形式存在。木材孔隙中的水分以三种形式存在。

① 自由水。自由水呈游离状态，存在于细胞腔和细胞间隙中，亦被称为毛细管水或游离水。

② 附着水。附着水呈吸附状态，存在于细胞壁的微细纤维之间，亦被称为吸附水或吸着水。

③ 结合水。结合水是细胞中化学组成中的水，也就是木材化学组成中的化合水，是三种水中占的比重最少的一种。

木材中的水分主要是自由水和附着水，自由水和附着水本身没有明显界限，只因其在木材中存在的部位不同而异。自由水系游离状态，存在于细胞腔中，因此，只对木材的相对密度、干燥性、渗透性及燃烧性有关；附着水存在于细胞壁中，是影响木材性质的主要因素；结合水量少，对木材性质无影响。

14. 如何计算木材中的水分？

木材中的水分质量被称为木材含水量。木材中水的质量与木材质量的比称为含水率（％）。其表示方法有三种，相对含水率、绝对含水率和平衡含水率。

木门使用的木材必须干燥，在木门生产中，广泛采用的是绝对含水率，简称含水率。

15. 何谓绝对含水率？如何计算？

绝对含水率是用全干木材的质量作为计算基础，也就是木材中水分的质量与木材绝干质量的比值，用百分率表示。其计算方法如下：

$$W = \frac{G_湿 - G_干}{G_干} \times 100\%$$

式中　W——绝对含水率，%；

　　$G_湿$——湿材质量，g；

　　$G_干$——绝干材质量，g。

16. 何谓相对含水率？如何计算？

木材的相对含水率是用湿材质量作为计算基础，也就是木材中水分的质量与湿材质量的比值，是用百分率表示。其计算方法如下：

$$W_1 = \frac{G_湿 - G_干}{G_湿} \times 100\%$$

式中　W_1——相对含水率，%；

　　$G_湿$——湿材质量，g；

　　$G_干$——全干材质量，g。

17. 何谓平衡含水率？为什么木门的含水率都要达到当地平衡含水率值？

木材长时期置放在具有一定温度和湿度的环境中，当环境较干燥时木材中的水分将会蒸发；环境过于潮湿，它又会将环境中的水分吸收，使木材水量增加。最终木材都会达到既不吸水，也不释放水分的状态，此时木材具有的含水率称为平衡含水率。

我国地域辽阔，气候条件不同，湿度相差甚大，如我国新疆维吾尔自治区的平衡含水率值仅 10%，而海南省平衡含水率高达 17.6%。若木门的含水率不与当地含水率相近，运到西北地区的木门将收缩变形，而运到海南省将胀裂变形。因此，木门无论在哪里加工生产，必须了解当地含水率，运往全国各地的木门含水率是不一致的，生产时其含水率必须与当地含水率相接近，甚至稍小些。

18. 木门的含水率值如何检测？常用哪种方法检测？

木门的含水率值测定方法有两种：一种是质量法，另一种是电测法。质量法测定值精确，常用于科研和生产中制定干燥工艺，该法测定时较烦琐，而且时间长。电测法的特点是简便、快捷、不破坏试件，但测定木材厚度有限，精度较低，常用于成品测定，如胶合板、纤维板、木门等产品的含水率值测定。

19. 如何用质量法测定木门的含水率值？

质量法测定木门的含水率值，测的是木门板材的坯料，生产前必须要对坯料进行干燥。质量法是进入干燥窑前为确定干燥基准，或实验室做科研检测木材含水率时最常用的方法。

从测试的木材上切下不大的试材作试样进行称量（精确到 0.001g），并记录，然后把试材放入烘箱中干燥，烘箱的温度调整到95～105℃。在试材烘干的过程中，每隔一定的时间称量，当两次测量出的质量相等或相差极小时（不超过0.02g），即表示木材已达到全干。干燥结束后，将试件放入玻璃干燥器皿中冷却至室温，然后再取出试件称重，此时的质量称为绝干材重，将测出值代入绝对含水率公式，即可得出绝对含水率。

20. 如何用电测法测定木门的含水率？为什么在制成木门后都采用该法？

电测法的含水率测定仪通常使用电阻式木材水分测定仪，它的工作原理是利用木材的导电性与含水率的关系，因为绝干的木材具有良好的绝缘性。木材的导电能力随含水率的不同而变化，若木材含水率增加，则导电能力增加，反之导电能力也随之减小。

目前市场上有两种电测法，一种是插针法，即将金属插针插入木材中；另一种是接触式法，把测定仪直接放在木材表面上，即可在刻度盘上显示被测出的数字。

电测法木材含水率测定仪操作简便，直接显示，特别是用接触式法测量含水率，既不破坏木材表面，又可以快捷地读出含水率值，所以在木门生产与使用中应用较多，但其精确性不如称重法。

21. 每个城市的平衡含水率值是否相等？如何了解各城市的平衡含水率？

中国地域辽阔，既有严寒的东北地区，冬天温度低至－40℃；也有酷热的西南地区，夏天温度高达40℃，湿度高达90％以上。因此，每个城市的平衡含水率值是不同的，如海口在一月份的平衡含水率达19.2％，而拉萨市的平衡含水率仅7.2％。为了保证木门的质量，必须按各地区平衡含水率生产木门。每个城市的木材平衡含水率可查阅附录8，若表中没有要查找的城市，可从其中查阅相近城市的平衡含水率作为参考值进行估算。

22. 何谓纤维饱和点含水率？在木门加工时起何作用？

当潮湿木材蒸发水分时，首先蒸发的是自由水，当自由水蒸发完毕而附着水尚在饱和状态时，称为纤维饱和点。这时的含水率称为纤维饱和点含水率。纤维饱和点含水率的高低与树种有关，不同树种的值各异，通常在22％～33％。根据多种木材测定，在空气温度为20℃，湿度为100％时纤维饱和点含水率的平均值为30％。

木材纤维饱和点这个概念被应用在木材加工中的干燥工艺中，用尺寸变化表示，当木材的含水率在纤维饱和点以上时，即大于30％时，木材不会产生干缩；当木材含水率在纤维饱和点以下时，即小于30％时，其干缩趋势呈直线上升趋势，使木门坯料尺寸收缩变小。

在纤维饱和点以上时，含水率的增减只是细胞腔中自由水蒸发多少，而细胞壁的密实程度不发生变化，所以力学强度无变化。当含水率低于纤维饱和点时，因细胞壁的附着水蒸发，所以细胞壁就变得密实，强度就增大。综上可见，在木门的加工过程中，纤维饱和点是木门坯料材性的转折点。

23. 何谓木材养身？为什么木材与人造板都要养身？

养身就是将制作木门板材、方材经人工干燥后，置于一定温度、湿度的室内环境中存放一定的时间，这样的过程称为木材养身。

木门所使用的板材木方，无论是木材或胶合板、中密度纤维板、刨花板等人造板都经过干燥窑或干燥机干燥，已达到最终含水率，此时木门坯料的含水率分布基本已趋于均匀，但实际上其坯料（木材或人造板）内部还留有大小不同的残余应力还没释放出来。若这部分残余应力存留在坯料中，虽然经加工成木门，出厂时检验质量合格，但存放于门店时或消费者安装使用后又将出现表面隐裂、开裂、油漆皱皮、脱层等不良现象，所以原材料必须要进行养身。

24. 木材养身期如何确定？

养身期的确定与材种、板坯的厚度、干燥均匀性等诸多因素相关，因此不可能有一个固定的准则，必须通过企业长期经验的积累和对各种材种做试验进行比对确定。其确定步骤如下。

（1）取三四块木材坯料做试验。

（2）在试验板宽度上取三个点，三个点的位置是两个端点和中心点，其端点的位置是离坯料端头 5cm。

（3）分别在三个点上用彩色笔画三条平行线。

（4）在养身期量出每条平行线的间距，并记录在表格中。

（5）进入养身期后每天测三条间距线值。

（6）依次进行，当木门坯料尺寸连续两天保持不变，说明此时残余应力已释放完毕。

（7）养身之日开始到尺寸不变之日的天数即木材所需要的养身期。通常，密度大、分泌物多的材种养身期长。

25. 木材的固有性质是什么？

木材的湿胀和干缩是木材的固有性质，这种性质使制作完工的木门的尺寸不稳定，使木门在使用过程中发生门关闭不严、翘曲变形等现象。但是湿胀也是有限度的，木材吸湿使其含水率增加，体积增大，当含水率升到纤维饱和点时，木材就不再膨胀，此时体积最大；若含水率继续升高，木材的尺寸和体积不再发生变化，仅增加木材的重量。

26. 何谓木材的吸湿性？为什么会产生此现象？

木材的吸湿性就是木材从空气中吸收水蒸气和其他液体蒸气的性能，如干燥木材暴露在空气中会从潮湿的空气中吸收水分，其产生此现象的原因如下。

木材和水之间有高度的亲和力，细胞壁的微胶粒所组成木纤维具有很大的内表面积，这种表面和水蒸气分子之间存在着引力，迫使空气中的水分凝结在微胶粒表面上，这种水层在木纤维内部组成了毛细管系统。这种毛细管中水分形成凹形弯月面，毛细管半径越小，则弯月面的饱和水蒸气压力也越小于平坦水平面上的饱和水蒸气压力。因此，当微细管中的水蒸气压力小于饱和湿空气中蒸气压力时，微毛细管中将会产生水蒸气凝结，这时空气相对湿度数值与微胶粒之间的水层厚度相适应。如果这种水层厚度小于稳定的厚度，在微胶粒之间的水分凝结（湿润过程）将一直继续到水层厚度等于稳定厚度，即木材含水率达到平衡含水率为止。在相反的情况下，当木材含水率大于平衡含水率时，微胶粒间的毛细管弯月面上的水蒸气压力大于空气中的水蒸气压力时，木材中水分将被排出，这也就是干燥过程。

27. 如何降低木材的吸湿性?

木材吸湿后将会使木材尺寸变形,影响木门的质量,所以必须降低木材的吸湿性,其方法如下。

(1) 用涂料和油漆涂刷木材表面是降低木材吸湿性最简单的方法,它只能短期地防护外表。

(2) 用不溶于水的物质处理木材。不溶于水的物质渗入纹孔后,将纹孔堵塞住,将水和其他液体堵住,不让其渗入到木材中去。渗入纹孔堵塞的物质有石蜡、沥青、硫黄、橡胶溶液和酚醛树脂等。还可渗入与木材形成复杂的化合物质的液体,如各种糖类(蔗糖、葡萄糖等)液体渗入木材后,木材就能防水,因为木纤维素和糖形成丁酯,这种酯可使细胞壁不透水。也可在渗透之后,将木材加热到120℃,使糖炭化,形成焦糖,它既不溶于水,又可局部地将纹孔堵塞。

28. 木材干缩分为几种表示方式?

木材是由许多细胞组成的植物体,是又由这些不同种类、形状、大小、数量和排列的细胞组成的三维结构体,所以木材的干缩因方向不同而存在差异。木材干缩体积干缩和线干缩,而线干缩又分为纵向干缩(又称顺纹干缩)、弦向干缩和径向干缩。

29. 木材干缩时各向是否有差异?其原因是什么?

木材是三维结构体,所以木材的干缩因方向不同而有差异,木材顺纹干缩(即纵向干缩)为0.1%;木材横纹干缩,其径向干缩为3%~6%,弦向干缩为6%~12%。由此值可见,径向干缩与弦向干缩之比为1∶2,其中顺纹干缩小,一般可忽略不计。其差异的产生是木材细胞壁的构造造成的,因为木材小纤维排列方向,在次生壁的外层和内层与主轴接近于垂直,而中层与主轴接近于平行。细胞壁中次生壁占绝大多数,在次生壁中中层又占绝大多部分,因此,木材的干缩也就取决于次生壁中层小纤维的排列方向,构成小纤维更小的形体单元(微胶粒),水分不能进入微胶粒内部,仅限于微胶粒与微胶粒之间,木材吸收水分就将小纤维排开,排出水分,小纤维就靠拢。因次生壁中层的小纤维与主轴平行,所以木材的横纹收缩就大,而顺纹收缩较小。

30. 如何确定坯料的干缩量?

木门毛坯料置于空气中,在周围的温湿度影响下不断发生变化,随着坯料附着水逐渐减少,木材的尺寸和体积就缩小。干缩常用全干缩率来表示和计算,其计算方法如下(通常以百分率计)。

在加工木材上切取30mm×30mm×10mm的试材,各方向长度用测微尺测定(精确到0.1mm),然后置于烘箱中烘干,待达到绝干状态时,再测其长度:

$$Y_{max} = (a_{max} - a_0)/a_{max}$$

式中　Y_{max}——全干缩率,%;

　　　a_{max}——坯料生材或湿材的尺寸或体积,mm或mm³;

　　　a_0——绝干材的尺寸或体积,mm或mm³。

若计算某一含水率区段内的全干缩率 $Y_{ml,2}$,其计算公式如下:

$$Y_{m1,2} = (a_1 - a_2)/a_1$$

式中 a_1——含水率为 m_1 时的尺寸或体积，mm 或 mm^3；

a_2——含水率为 m_2 时的尺寸或体积，mm 或 mm^3。

31. 试述弦向与径向干缩率的计算方法。

木材弦向干缩率与径向干缩率与上题的计算方法大致相同，不同的是试样分别从弦向板或径向板上取样，其计算方法通过下列公式计算或查阅相关标准。

$$S_j = \frac{a - a_1}{a_1} \times 100\%$$

$$S_x = \frac{b - b_1}{b_1} \times 100\%$$

式中 S_x——弦向干缩率，%；

S_j——径向干缩率，%；

a，b——烘干前径向和弦向试件尺寸，mm；

a_1，b_1——烘干后（绝干）试样径向和弦向尺寸，mm。

32. 何谓木材干缩系数？对木门生产有何作用？

木材干缩系数是木材干缩率除以引起此收缩的含水率。也可以这样理解，附着水每变化 1% 时的全干缩率的变化值，就是干缩系数 K。其计算公式如下：

$$K = Y_{m1,2}/(M_1 - M_2)$$

式中 K——干缩系数；

$Y_{m1,2}$——某一含水率区段内的全干缩率，%；

M_1，M_2——分别是木材初、终含水率，%。

根据上式可计算出木材干缩率。在生产加工木门时，就可以根据干缩率计算出从木门坯料到生产制成木门时应留的余量，即其加工余量值。

木材干缩起点为纤维饱和点，一般按 30% 计算。当木材含水率 M 超过 30% 时，仍按 30% 计算。利用干缩系数，可算出纤维饱和点以下任何含水率时木材的干缩数据。

33. 如何有效地减小木材干缩与湿胀？

木材的干缩和湿胀是造成木门质量问题的重要原因，应采取措施防止或减少干缩和湿胀，在加工时可采取如下方法。

（1）尽量利用径切板代替弦切板，这样可减少收缩率。在原木制材剖方时，改进原木剖解的方法，增加径切板，减少弦切板。

（2）利用小材顺纹拼接成大材，这样可以减少弦切板。

（3）用径切板作面板涂胶的单板，纵横交错压制成胶合板，可以限制横纹收缩。

（4）应用油漆、石蜡等物质处理可增加木材的憎水性，稳定木材尺寸。

（5）将木材进行高温干燥，使其含水率降至 5% 以下，此时其吸湿性将大幅降低。因为高温可破坏水和木材的亲和力，使木材的吸湿性减小，可以避免木材的胀缩。

34. 何谓木材的力学性能？为什么要检测它？

木材的力学性能是指木材抵抗外力作用的性能。研究木材的力学性能，是为木门在生产加工过程中提供可靠的数据，正确解决木材加工过程的安全性与经济性问题。因为木门必须经过锯刨、削、砂光等机械设备加工才能制成门扇与木框的部件，在加工过程中将受到机械力的作用。木门安装后将会受到风和人力的撞击等外力，为保证门的耐用性，必须对门的力学强度进行检测。

35. 木材的力学强度包括哪些?

木材的力学强度包括抗剪强度、静力弯曲极限强度、静曲弹性模量、硬度，还包括木材的工艺力学性质，如劈裂性、握钉力、弯曲能力。

36. 何谓木材的密度?

木材的密度是指单位体积木材的质量，通常以 g/cm^3 或 kg/m^3 表示。木材密度大小与木材的力学性质（硬度、耐磨性、隔声性、保温性）有密切关系。木材密度又称容重，其计算公式如下：

$$\rho = m/v$$

式中　m——木材的质量，g 或 kg；

　　　ρ——木材的密度，g/cm^3 或 kg/m^3；

　　　v——木材的体积，cm^3 或 m^3。

木材具有空隙，空隙中有水分，因此木材密度与其他建筑材料的密度有所不同，它与含水率相对应，所以木材的密度应加注测试时的含水率。木材的密度分为绝干密度、气干密度、生材密度与基本密度。

木门加工和成品标识的密度为基本密度和气干密度。

37. 何谓基本密度? 木门生产和选材时采用何密度?

基本密度是指绝干材质量与生材体积之比。它的物理意义是木材单位体积的含水率最大时，所含木材的实际质量。生材指新采伐的木材，此时木材含水率高达 35％ 以上，数值是固定不变的，所以基本密度值也是固定的。基本密度是最能反映该树种材性特征的密度值指标。基本密度的大小可以用来比较各种木材的性能，密度越大，强度也就越大。

38. 何谓气干密度?

气干密度是木材含水率在 12％ 时的密度，在木门生产中广泛应用。自 20 世纪 90 年代我国推出天然林保护工程后，木门生产的原料中有国产材料，也有来自世界各国的进口材料。为规范市场，国家在 2001 年出台标准《中国主要进口木材名称》（GB/T 18513—2001）与《中国主要木材名称》（GB/T 16734—1997）。在标准中明确标出了木材的气干密度值，可参考气干密度值，制定出相应的干燥基准。

39. 潮湿环境对木材的密度有何影响?

木材密度随含水率的增减而增减，其原因是树木在生长时从地面土壤中吸收大量的水分及生长所需要的养分，再经过光合作用生长成高大的树木，所以树的细胞壁和细胞腔中含有大量水分，因此新砍伐的树，木材密度最大。虽经干燥可将水分蒸发，但木材长期存放于潮湿环境中又会吸入水分，增加木材质量，所以木材密度是随含水率增大而增大的。

40. 何谓木材的化学性质？包括哪些特征？木材的化学性质对木门制品有何影响？

木材的化学性质，就是木材必须经过化学分解，才能了解到的性质。其主要包括木材的化学组成、木材主要化学成分的特征。

（1）木材的化学组成。木材是天然生长的有机材料，主要由纤维素、半纤维素、木质素（木素）和木材的浸提物组成。纤维素、半纤维素和木质素属于多糖类；浸提物属于细胞的内含物，多存在于细胞腔内，主要有树脂、树胶、脂肪、单宁、挥发性油等。

（2）木材主要化学成分。纤维素是组成木材细胞壁的骨架物质，纤维素分子中具有羟基，因此纤维素具有吸湿性，因而木材存放在大气环境中具有吸湿性。半纤维素是组成细胞壁的基本物质，含多糖基，其吸湿性和润胀度要强于纤维素。

木质素（木素）是组成细胞壁的物质，其吸湿性比纤维素弱。因此木材中木质素占的比重越大，其尺寸稳定性就越好，加工成的木门与门框尺寸稳定性也就好。而木材中含有的浸提物，在大多数材种中具有天然填充剂的作用。有的浸提物存在于木材细胞腔中，其将木材组织中的空隙填实，从而减少了木材干缩的附着力，如柚木中就含有单宁浸提物，所以其尺寸稳定性好，颇受消费者的青睐。

41. 何谓木材的天然缺陷？在木门表面哪些天然缺陷是允许存在的，哪些不允许存在？

木材是自然生长而成的物质，它在生长过程中不可避免地要受到环境与虫害的影响，而使树木的外部或内部结构遭受伤害，造成木材表面留下痕迹或内部结构发生变化。木材常见的天然缺陷有节子、树瘤、夹皮、树脂道、腐朽、变色、裂纹、乱纹、斜纹髓心、虫眼等。

在国家标准中，有的天然缺陷允许在木材表面存在，有的不允许在木材表面存在。允许存在的包括以下缺陷。

（1）活节。节子分为活节与死节，活节就是节子与周围木材有机地连接，构造正常，此处质地坚硬。

（2）树瘤。树瘤因生理或病理出现，它使树干局部膨大，呈不同形状的鼓包，锯切时能形成美丽的花纹，但质地硬，锯切困难，它可用于艺术门的装饰。

（3）斜纹、乱纹。指木材纤维呈交错、倾斜或杂乱无规律排列，其使木材加工困难且易裂，但锯切后其花纹相当美丽。

（4）变色。变色是指木材颜色发生了改变，有两种原因可以引起变色，一种是化学变色，另一种是真菌侵蚀。其中化学或生物化学反应导致的变色，颜色比较均匀，如柚木锯剖后放置于阳光下晒其颜色就是慢慢变成褐色，此种变色属正常变色；若是真菌侵蚀使其在木材表面局部处呈红或黑褐色，此种现象就属于不正常现象。

除了上述缺陷外，其他缺陷都不允许在木门表面明显显现。

三、木门常用木材的特征及加工性能

42. 国内木门常用的木材有哪些？

国内木门采用的木材有阔叶材和针叶材两类，其中阔叶材应用较为广泛，针叶材应用的材种较阔叶材相对较少。

在木门中常用的有国产材与进口材两大类，同一树种名的木材有国产的也有进口的，在此就不再细分。常用的阔叶材有水曲柳、柞木、桦木、黑胡桃木、铁刀木、柚木、花梨木、椴木、榉木、山毛榉、筒状非洲楝、阿林山榄、爱里古苏木、樱桃木等；针叶材有杉木、红松、铁杉、柏木、新丁兰松等。

43. 试述柞木的特征及加工特性。

柞木主要生长在中国东北地区、华北地区及俄罗斯远东沿海地区。该木材心材、边材区别明显，边材呈黄白色，心材呈褐色或暗褐色，有时略带黄色。柞木是一种有光泽，纹理直或斜，年轮明显且呈波浪状，无特殊气味和味道，结构略粗不均匀，材质硬的木材，其属于环孔材。

加工特性：气干密度为 $0.68 \sim 0.77 \mathrm{g/cm^3}$，干缩中至大，强度及冲击韧性高，抗变性能好，木材加工较易，切削面光洁，油漆和胶结性能好，钉钉困难但握钉力好。柞木被广泛用于木门、贴面薄木家具、地板等。

44. 试述水曲柳的特征与加工特性。

水曲柳主要分布在我国小兴安岭和长白山两大林区及俄罗斯远东地区。该木材属于心材树种，心材呈暗褐色；边材窄，呈黄褐色或黄白色。心、边材界限明显，木材纹理直或斜，结构粗略质硬，花纹美丽，光泽度强，有特殊酸味。

加工特性：气干密度为 $0.60 \sim 0.66 \mathrm{g/cm^3}$，不易干燥，干缩性大，干燥过程中易产生裂纹、翘曲等现象，材质坚韧，抗弯性能好，木材加工较易，耐磨损，切面光滑，油漆和胶结性能好，经染色及抛光后可以取得良好效果，适合干燥气候，性能变化小。

45. 试述枫木的特征与加工特性。

枫木主要分布于我国东北地区、华北地区、长江流域，国外分布于美国东部、俄罗斯西伯利亚地区。该材心、边材区别不明显，木材呈肉红色，纹理交错，结构甚细且均匀，质轻且较硬，花纹图案优美。

加工特性：气干密度为 $0.50 \sim 0.80 \mathrm{g/cm^3}$，容易加工，木材干燥慢，干燥时易翘曲变形，胀缩力大，油漆涂装性能好，胶结性能好，握钉力强，不易劈裂，主要用于木质薄木贴面。

枫木中最好品种是"加拿大枫木"，这一品种硬度适中，木质致密，花纹美观，木纹常呈现鸟眼状或虎背状花纹。而国产枫木木质偏软，结构疏松，花纹不如加拿大枫木漂亮，光泽也较差，所以欧美产的枫木价格也远比国产价格高。

46. 试述樱桃木的特征与加工特性。

樱桃木产地主要分布在美国、英国、日本。欧洲樱桃木和日本樱桃木，这两种类型的樱桃木在构造与颜色上都有差异。樱桃木心材从深红色至浅棕色，纹理通直，结构细。

加工特性：气干密度为 $0.62 \mathrm{g/cm^3}$，干燥效果好，木材坚硬，加工性能良好，但加工表面的质量与木材纹理有关，若该材木纹直，则加工木纹面光滑，若遇该材木纹交错，加工面易起毛，握钉力、胶着力、抛光性好，干燥时收缩量大，但是干燥后尺寸稳定。该木材属于高档木材，在木门中除用于实木门外，多用于木门的表面装饰材料。

47. 试述橡木的特征与加工特性。

橡木分为红橡、白橡，广泛分布于北半球广大区域。我国吉林、辽宁、陕西、湖北等地有与橡木同科的柞木，二者质地相似。橡木边材、心材区分明显，边材呈灰黄白色，心材色泽多变。其中美国的白橡木和红橡木的纹理大多为直纹，有时也有斜纹，花纹美丽。

加工特性：气干密度为 $0.66\sim0.77g/cm^3$，不易干燥，干燥时易开裂翘曲，木材切削不易，易钻孔，易刨切，其刨切后表面光滑但湿材易起毛，握钉力大但不易钉入，着色、涂漆性能良好，常用于做实木门。

48. 试述桃花心木的特征及加工特性。

桃花心木产于美洲及西非地区，我国在桂、粤等地区也已引进培植。心材为暗红褐色，与边材区别明显，边材为浅黄褐色至浅红褐色。有细绢光泽，无特殊气味，纹理直至交错，结构均匀，生长轮不明显。

加工特性：材质软硬适中。干缩率从生材至气干材径向 0.9%，弦向 1.3%。木材气干密度为 $0.6g/cm^3$，易干燥，干燥性良好，干燥后尺寸稳定性好。加工性适中，刨面光滑，胶结性能良好，油漆涂饰性能佳，径向刨切单板花纹美丽，常用于木门表面装饰贴面材料。

49. 试述柚木的特征与加工特性。

柚木主要分布于缅甸、马来西亚、菲律宾、印度等国，我国引种后柚木成为长江流域及南方热带区域的重要用材树种。该材心、边材明显，心材呈黄褐色、褐色至暗褐色，边材为浅黄色；木材有光泽，略具皮革味，手触之有油性感。

加工特性：柚木木材纹理直，结构中至粗。该材气干密度为 $0.60g/cm^3$，干缩小，干缩率从生材至气干径向 2.2%，弦向 4.0%。干燥较慢，但干燥质量好，尺寸稳定性好，抗腐、耐虫。加工时易夹锯，锯切面起毛，但刨切面光滑，油漆和胶黏性能好，上蜡性能好，因此有的高档柚木门不涂饰漆，采用蜡，可做高档门，也用于木门的表面薄木贴面。

50. 试述胡桃木的特征与加工特性。

胡桃木也是优质木材，主要产地是北美、南美和欧洲，也有国产胡桃木，国产的胡桃木色浅。黑胡桃木非常昂贵，通常仅使用薄木作表面装饰，用于木门的黑胡桃木大多为进口材。其材性、色泽差异大，不同产地木材色泽不同，有浅棕色、浅黄色至灰色，条纹美丽，心材呈灰色至棕褐色，带有不规则的深色纹理，各切面上导管易见，木材纹理一般直，弦切面为大抛物线花纹（即大山纹），材硬，各切面上年轮清晰。

加工特性：该材为密度中等的硬木，气干密度为 $0.64g/cm^3$，抗劈力和韧性高，干燥系数径向 0.18%，弦向 0.28%。干燥缓慢，干燥质量好，干燥后尺寸稳定性好，但有时易发生蜂窝裂。加工性能好，加工的表面光滑，易染色、磨光，胶黏性能好，主要用于木门装饰贴面、实木高档门。

51. 试述花梨木的特征与加工特性。

花梨木属红木类珍贵树种，心材呈黄褐色至紫褐色，常伴有深色条纹，心材、边材区分明显，边材色浅，主要为黄白色，生长轮通常明显，管孔在肉眼下可见或略明显，导管中常含深色树胶或沉淀物，木材具有辛香气。干缩中至小，全干缩弦向干缩率1.3%，径向干缩率1.0%。

加工特性：尺寸稳定性良好，耐腐性好，干燥性能良好，干燥速度宜慢，有轻微的开裂，木材质硬，加工困难，握钉力好，涂饰及胶黏性颇良，花纹美丽，常用作木门表面装饰单板。

52. 试述铁刀木的特征与加工特性。

铁刀木又称黑心木，主要分布于东南亚，我国云南、广东等地有引种栽培。心材、边材区分明显，心材呈栗褐或黑褐色，常带黑色条纹，边材呈白至黄色。管孔在肉眼下明显可见，木射线在放大镜下才能见。木材纹理斜至交错，在弦切面上有美丽的鸡翅（V字形）花纹，结构细至中，干缩中至大，弦向干缩率9.2%，径向干缩率5.7%，边材常易变色。

加工特性：气干密度为0.63~1.01g/cm³。木材甚耐腐，干燥困难，有翘裂缺陷产生，加工困难，切面光滑，涂饰及胶黏性良好。常用于木门贴面和实木门。

53. 试述榉木的特征与加工特性。

榉木主要分布于欧洲、日本、美国，中国亦有分布，心材、边材区分明显，心材浅褐色带黄，边材黄褐色。导管中含浸填体，晚材管孔一部分在肉眼下明显，木射线在肉眼下可见，无特殊气味，纹理直，结构中等，不均匀。木材干缩大，弦向干缩率为9.8%，径向为5.9%，木材硬。

加工特性：产地不同，木材的加工特性也不同，美国榉木和欧洲榉木力学性能强于日本榉木。榉木的加工性能随生长地和干燥情况的变化，差异较大，其气干密度为0.78g/cm³，干燥情况差异较大，干燥困难，易开裂和翘曲，不易加工，但易着胶、着色，表面油漆效果佳。切面光滑，若未涂油漆，常擦木门会使表面越来越光亮。该材适宜做高档实木门和单板拼花。

54. 试述红松的特征与加工特性。

红松又名东北松，盛产于我国东北长白山小兴安岭一带。边材呈黄白色或浅黄褐色，与心材区别明显，心材为红褐色、间红或浅红褐色。年轮明显或略明显，木材有光泽，松脂气味浓，结构中而均匀，干缩中等，硬度软至甚软。径向干缩系数为0.122%，弦向干缩系数为0.321%。其干缩程度比阔叶材小，尺寸稳定性好，风吹日晒不易开裂和变形。

加工特性：气干密度为0.433g/cm³，锯、刨加工容易，刨面光滑。木材干燥，加工性能、胶结性能、防腐性能好，但很难进行防腐处理。它是普通实木门中应用较多的木材。

55. 试述杉木的特征与加工特性。

杉木是我国特有的速生材，生长快、材质好，在我国南方地区人工林中大量培育。该材材心、边材区分或明显或不明显，边材有香气，无光泽，生长轮明显，窄至宽，不均匀。木材纹理匀而直，结构中等，质地细密，材质优良，径向干缩系数0.103%~0.147%，弦向干缩系数 0.246%～0.308%。尺寸稳定性好。

加工特性：气干密度为 0.36～0.50g/cm³，强度适中，易干燥加工，不易翘裂，易锯刨加工，油漆性能良好，因此是实木门的重要材料。

第二节　人造板

56. 何谓人造板？在木门中常用的人造板有哪些？

人造板是利用木材、木材的剩余物，或以含有一定量纤维的其他植物为原材料，施胶加压而成的板材。

这类板材与天然的木材相比，具有材质均匀、强度高、无缺陷、幅面大、吸湿变形小、尺寸稳定性好、不易翘曲和开裂等优点，因此在木门中除实木门以外，几乎全都采用不同种类的人造板。

在木门中常用的人造板有胶合板、纤维板、刨花板、细木工板、集成材、单板层积材、科技木、重组木、木塑复合材料、竹质人造板、蜂窝纸等。

一、集成材

57. 何谓集成材？具有哪些特点？

集成材又称胶合木（glued laminated timber），简称 Glu Lam，它是将具有一定端面规格的小木条（或尺寸窄而短的小木条）的端面刨削出互相配合的 V 形榫槽和榫头，然后在榫槽内涂上胶黏剂进行长度方向胶拼（端拼），之后在宽度方向（横拼）拼接的板材。

该板材的特点是没有破坏木材本身的结构，因此，既能保持木材的天然纹理和质感，又克服了天然木材易变形、易开裂的缺陷，而且抗拉和抗压强度优于木材，材质好，尺寸稳定性好，是一种性能优良的新型木质板材，广泛应用于建筑构材和木材行业的各个领域。在木门的生产中，由于胶合板面积大，取舍随意，可根据木门规格拼接，具有一次复合定性。因此，集成材应用越来越多，利用集成材生产出来的木门，被称作实木门。

58. 试述集成材的生产工艺流程。

集成材的生产工艺流程如图 2-4 所示，从集成材的生产工艺流程中可见，集成材没有改变木材的结构特点，而是实现了小材大用。

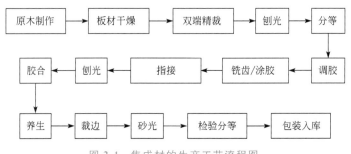

图 2-4　集成材的生产工艺流程图

59. 在制作集成材时，需注意哪些问题？

在加工集成材时，应注意如下几方面内容。

（1）树种近似。集成材应尽量使用一种树种，避免采用密度和收缩率差异很大的不同树种，严禁将针叶材和阔叶材混合使用。

（2）木材含水率。木材含水率对集成材的胶合性能有很大影响，一般含水率控制在6%～12%。

（3）集成材对木材缺陷的要求。集成材采用的木材，对其缺陷有如下要求：

① 节子长径≤10mm，无死节。

② 裂纹长度≤20mm，虫眼直径≤2mm。

③ 无腐朽、变色、树脂道等缺陷或"极轻微"的缺陷。

（4）集成材的胶合（长度指接和宽度拼接），应在指榫加工完成，刨光后24h内加工完毕。

60. 为什么集成材在制作木门时被大量应用？

集成材既没有改变木材结构，又缓解了木材的变形，提高了尺寸的稳定性，从而改善木门的变形率及其他不良性能，因此被大量地应用于木门，其具有以下优点。

（1）干燥均匀且易干燥。集成材的原材料多为短小木料，所以易干燥，且干燥较均匀。即便是大截面集成材，其各部分含水率也是均匀的。

（2）小材大用，劣材优用。集成材是由短小木料拼接而成，它可以纵向接长，横向拼宽，制成任意大截面，达到小材大用的效果。且集成材在胶合前，剔除木材天然缺陷，如节子、虫眼、腐朽等瑕疵，成为"无缺陷"的集成材，达到劣材优用效果。

（3）易于进行预处理，为功能木门提供原材料。在生产前可以对小料进行防腐、阻燃、防虫等各种要求的预处理，相对于大截面锯材更易处理，其效果也更佳。因此，集成材为防腐门、防火门提供了性能良好的原材料。

（4）产品造型自由度大。一般的集成材是由2～4cm的小材胶合而成，因此集成材能制造出任意曲率的木材，以便适应艺术造型木门的需要。

（5）强度高。集成材在制作前配料，可控制坯料的纹理，减少斜纹或节痕，以提高木构件的强度，减少木构件的变形。优化配置制成的集材，其强度甚至可以达到实木强度的1.5倍，这样既达到小材大用，又可充分利用等级低的木材，从而提高木材利用率。

（6）可连续化生产。集成材可以根据外观或力学性能分等级，对不同等级木材进行组合后胶合而成，现都可连续化生产，生产率大大提高。

61. 试述集成材在木门中的应用。

木门生产中使用的集成材大部分是非结构材，因此生产成本低。集成材主要应用于门框和门扇两大部件，集成材实木门框是两拼结构，集成材为内芯，表面覆贴装饰单板或胶合板，再通过榫结合拼接成整体门框。实木门框的内芯木料规格小，采用集成材，其含水率较均匀，有效避免门框因环境温度变化而发生开裂、翘曲、变形等现象。其次，在芯材外面覆贴珍贵材，使门框整体外观更为美观。

门扇中的梃类部件也以集成材作芯料，两侧上下都封贴珍贵材的装饰单板，门芯板以优质的集成材为内部芯料，两侧和正背两面都封贴珍贵材种的单板。因此，集成材制作的实木门既具有天然的木材纹理，美观典雅，又有良好的尺寸稳定性，所以在市场中占有重要地位。

62. 木门中采用的集成材执行何标准？其理化性能指标值是多少？

生产木门使用的集成材目前大多数采用非结构材，因此其执行的标准是《非结构用集成材》（LY/T 1787—2016）。在标准中，非结构用集成材按其外观进行分等级，可分为优等品、一等品和合格三个等级。用于木门的集成材的理化性能指标值包括：

① 含水率，15%≥集成材含水率值≥8%；

② 浸渍剥离率，其断面的浸渍剥离率应在10%以下，在同一胶层剥离长度之和不得超过该胶层长度的三分之一；

③ 甲醛释放量，甲醛释放量应符合《结构用集成材》（GB/T 26899—2011）中的相关规定。但是该标准未对集成材的剪切强度和木材破坏率提出要求，若需要可参考日本农林标准，如表2-1所示。

表 2-1　集成材剪切强度和木材破坏率

序号	木材种类	剪切强度/MPa	木材破坏率/%
1	桦木科、山毛榉、白桦、桦榉、龙脑香科	9.6	60
2	水曲柳、白蜡木	8.4	60
3	日本扁柏、罗汉柏、北美落叶松、赤松、黑松、美国扁柏、落叶松、花旗松	7.2	65
4	日本铁杉、扁黄柏、红松、辐射松异形铁杉	6.6	
5	日本冷杉、库页冷杉、鱼鳞云杉、小干松、欧洲赤松、柳桉、西黄松	6.0	70
6	北美乔柏（包括相当强度树种）	5.4	

二、刨花板

63. 何谓刨花板？具有何特点？

刨花板是由木材碎料（木材刨花、锯木或类似材料）或非木材植物碎料（亚麻屑、甘蔗渣、麦秆、稻秆或类似材料），与胶黏剂一起热压而成的板材，也被称为碎料板。

刨花板在木门中已被广泛应用。主要优点有：①板面的各个方向性能基本相同，结构基本均匀；②具有良好的吸声、隔声和隔热性能；③表面平整、质地均匀、厚度误差小，可在其表面装饰油漆或贴面；④加工性能好，可按照需要加工成较大幅面的板材，也可以根据需要加工成不同厚度的板材；⑤易于实现自动化，连续化生产。

缺点是：①握钉力相对较低；②板边暴露在空气中易吸湿而变形，边缘刨花脱落，影响质量，但可用封边加工处理。

64. 试述刨花板的分类。

刨花板类型很多，分类也有多种，其分类如下。

（1）按制造方法分：平压法刨花板、辊压法刨花板；

（2）按表面形状分：平压板、模压板；

（3）按刨花板尺寸和形状分：刨花板、定向刨花板；

（4）按板的结构成分分：单层结构刨花板、三层结构刨花板、多层结构刨花板；

（5）按表面状态分：未砂光板、砂光板、涂料板、装饰材料饰面板；

（6）按所使用的原料分：木材刨花板、甘蔗渣刨花板、亚麻屑刨花板、麦秆刨花板、竹材刨花板；

（7）按用途分：在干燥状态下使用的普通刨花板、在干燥状态下使用的家具及室内装修用板、在干燥状态下使用的结构板、在潮湿状态下使用的结构用板、在干燥状态下使用的增强结构板、在潮湿状态下使用的增强结构板。

65. 木门中采用的普通刨花板应执行何标准？其理化性能指标值是多少？

在现代木门生产中，许多生产企业都将普通刨花板应用到门扇制作中，制作门扇用的刨花板应满足在干燥状态下使用的家具及室内装饰用板需求，按《刨花板》（GB/T 4897—2015）的规定，刨花板板面外观质量、力学性能指标见表2-2、表2-3。

表2-2　板面外观质量

缺陷名称	允许值
断痕、透裂	不允许
压痕	内眼不允许
单个面积大于40mm胶斑、油污斑等污染点	不允许
边角残损	在公称尺寸内不允许

表2-3　力学性能指标

项目	单位	基本厚度范围/mm					
		≤6	6～13	13～20	20～25	25～34	＞34
静曲强度	MPa	12.0	11.0	11.0	10.5	9.5	7.0
弹性模量	MPa	1900	1800	1600	1500	1350	1050
内胶合强度	MPa	0.45	0.40	0.35	0.3	0.25	0.20
表面胶合强度	MPa	0.8	0.8	0.8	0.8	0.8	0.8
2h吸水厚度膨胀率	％	8.0					

66. 刨花板用于木门时，如何选择采用干燥状态与潮湿状态？

木门采用刨花板制作时，若一年中连续三个星期气温保持在20℃，而空气中相对湿度（RH）在65％以内，此时可采用在干燥状态下使用的刨花板；若一年中连续三个星期气温保持在20℃，而空气中相对湿度（RH）在85％以内，则需在潮湿状态下使用的刨花板。

67. 试述刨花板的生产工艺。

生产木门采用的刨花板极大部分都采用平压法的生产工艺，普通平压刨花板的生产工艺流程图如图 2-5 所示。

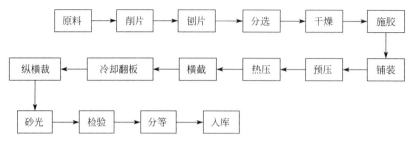

图 2-5　普通平压刨花板的生产工艺流程图

68. 何谓木质模压刨花板？简述其特点。

木质模压刨花板是刨花板生产中的一个品种。它是在木质刨花板生产中施胶，用一定量的树脂胶黏剂搅拌均匀后，输送到预压模具中，预压成型，然后再与表面装饰材料一起放入热压精模中一次性压制成理想的产品。该刨花板产品具有以下特点。

（1）美观，花色多种，平整光洁，具有优良的物理力学性能，防潮、隔声和阻燃性能好。

（2）在生产一次性模压成型的木质刨花模压门时，可采用冷预压工艺，这样也就降低了模压门的生产成本，而同时也提高了工作效率和材料利用率。因此，模压刨花板在木门市场具有很强的竞争力，已广泛用于宾馆、大厦、办公楼及民用住宅中。

69. 试述模压刨花板木门的生产工艺。

模压刨花板自 20 世纪 80 年代中期迅速崛起，这种模压工艺已被广泛用于生产各种桌面及橱柜台面等。近年来，模压刨花板的生产工艺不断发展，该生产工艺也广泛用于生产幅面较大的木质模压门。

模压刨花板木门的工艺流程图如图 2-6 所示。

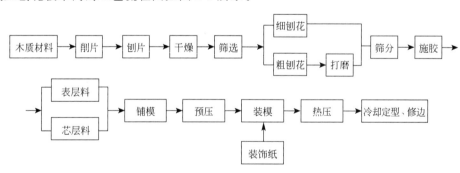

图 2-6　模压刨花板木门的工艺流程图

70. 何谓挤压空心刨花板？它与普通刨花板有何差异？

挤压空心刨花板（又称桥洞力学板、中空刨花板）是将木质原料加工成刨花，经干燥、筛选施胶后输入安装有金属排管的挤压机中，高温挤压成型，如图 2-7 所示。芯材中间仿造桥洞的中空原理，将其抽空，形成均匀排列的通孔。

图 2-7 挤压空心刨花板

空心刨花板和普通刨花板虽然都具有尺寸稳定性好、隔声、平整等优点，但空心刨花板的性能更为突出，其优点如下。

（1）重量轻。空心刨花板的厚度在 20～40mm，其误差仅为 ±0.2mm，孔径为 15～35mm，孔间距为 2～8mm，通孔到板材表面的距离为 2～8mm，故而板的重量轻，只有传统普通刨花板重量的一半。

（2）物理性能优良。

① 耐冲击力好。由于刨花板挤压成型，大部分碎料垂直于板材表面分布，使得空心刨花板具有相当高的耐冲击力，达 2MPa。

② 隔声性能良好。用 40mm 厚的空心刨花板作木门门芯板，制成的木门其隔声效果高达 28dB。

③ 隔热性好。用 40mm 厚的空心刨花板作木门门芯板，其保温效果相当于 300mm 厚的砖墙。

（3）制造成本低。

① 原料少。空心刨花板的密度低于普通刨花板，因此制造相同体积的刨花板其原料（刨花板与胶料）少。

② 设备投资低，运行费用少。空心刨花板工艺生产线与普通刨花板相比省略了专用的铺装机、预压机与板坯运输机。而其拌胶后的刨花，直接由料仓输入挤压机。因此，制作空心刨花板设备少于普通刨花板设备，其运行成本、设备维修费等也就相应减少。

（4）生产工艺简单。挤压法生产的空心刨花板省略了板坯铺装和预压两道工序，简化了生产工艺。

（5）原料来源广泛，甲醛释放量低。挤压法生产的空心刨花板，不仅可以利用木材，还可以利用农作物的秸秆为原料。

挤压空心刨花板密度低，原材料少，因此，其施胶量与平压普通刨花板相比用胶少，普通刨花板施胶量为 10％～12％，而空心刨花板施胶量只要 3％～8％，从而降低了板材的游离甲醛释放量。

71. 用于木门的挤压空心刨花板应执行何标准？其理化性能值应为多少？

挤压空心刨花板隔热、隔声、抗压性能良好，是门芯板优良材料，受到广大门类企业的青睐，用作门扇的空心刨花板，应满足《挤压法空心刨花板》（LY/T 1856—2009）的规定，其理化性能值如表 2-4 所示。

表 2-4　挤压空心刨花板理化性能值

项目	单位	指标值
含水率	%	5～13
长度尺寸变化率	%	≤15
吸水厚度膨胀率	%	≤5
板密度	kg/m³	<550
板密度偏差	%	±15
静曲强度	MPa	≥1.0
内结合强度	MPa	≥0.10
甲醛释放量	mg/100g	E_1≤8 8<E_2≤30

三、纤维板

72. 何谓纤维板？具有何特点？

纤维板是以木质纤维或其他植物纤维为板料，施加脲醛树脂胶或其他合成树脂胶，在加热、加压条件下，压制而成的一种板材，通常厚度在 1.00mm 以上，密度为 450～880kg/m³，也可加入其他合适的添加剂改善板材特性。在木门中应用的纤维板，通常为中密度纤维板。纤维板与木材相比具有如下特点。

（1）方向性差异甚小。纤维板由于纤维排列均匀，产品纵向和横向强度差别很小。尺寸稳定性好，使用时不易开裂。

（2）表面平整、光滑（正面及背面的表面都平滑）。

（3）物理力学强度较高。

（4）内部结构排列细腻、均匀，特别是中密度纤维板，边缘牢固，因此，它的饰面效果优良。

（5）机械加工性能好，锯、钻、开槽等加工性能类似于木材。

73. 试述纤维板的分类

不同纤维板的结构类型，物理特性和制造工艺有较大差异，根据上述特点，进行如下分类。

（1）根据结构类型分类。

普通纤维板包括：一面光纤维板、两面光纤维板、三层结构纤维板、渐变结构纤维板、定向纤维板。

模压纤维板包括：定向纤维板、模压浮雕纤维板。

（2）根据密度分类。纤维板的密度不同，可分为非压缩型和压缩型两大类，非压缩型纤维板为软质纤维板，密度小于 400kg/m³；压缩型纤维板有中密度纤维板（或称半硬质纤维板，密度为 400～800kg/m³）和高密度纤维板（密度大于 800kg/m³），在木门中常用的是中密度纤维板。纤维板是代替实木的人造板材，受到制造工艺和成型方法的影响，具有如下优点：

① 纤维板很容易进行涂饰加工，各种涂料、油漆类都能均匀地涂在纤维板上，是做油

漆效果的首选材料。

② 易贴面加工装饰，各种薄木、饰面纸、胶纸薄膜、轻金属薄板、三聚氰胺等材料均可胶贴在纤维板表面。

③ 材质均匀表面平整，性能稳定，尺寸稳定性好、变形小。

④ 易机械加工，便于铣形，可进行各种异形艺术加工木门。

⑤ 静曲强度、内结合强度、弹性模量等物理力学性能良好。

纤维板具有如下缺点：

① 不防潮，吸水膨胀率大，用纤维板做门套板或踢脚板时应注意六面密封，以免受潮、变形。

② 握钉力差，由于纤维板的纤维非常细，纤维板的握钉力与实木、刨花板相比，要差得多，所以其不适合反复装配。

74. 中密度纤维板应用于木门中时，执行何标准？

中密度纤维板的优良性能，可以满足多种制造工艺，因此被木门企业广泛应用。特别是中密度纤维板是均质的多孔材料，其吸声性能很好，用作木门中时，具有很好的吸声、降噪性。作为木门的制造材料，若用作门扇的面板，板面必须光滑，整体无缺陷、无裂纹、油污斑点、压痕等。因此，纤维板的使用必须执行《中密度纤维板》（GB/T 11718—2009）中的优等标准。

若将中密度纤维板用作门扇的龙骨（骨架）时，其质量要求比面板就低些，达到《中密度纤维板》（GB/T 11718—2009）中的合格标准即可。

75. 试述用于木门纤维板的表面质量与理化性能指标值。

木门采用的纤维板的表面质量与理化性能指标值，必须符合表 2-5～表 2-8 的规定。

表 2-5 纤维板的表面质量要求

名称	质量要求	允许范围	
		优等品	合格品
分层鼓泡或炭化	—	不允许	不允许
局部松软	单个面积≤2000mm²	不允许	3 个
板边缺损	宽度≤10mm	不允许	允许
油污斑点或异物	单个面积≤40mm²	不允许	1 个
压痕	—	不允许	允许

表 2-6 尺寸偏差、密度差及含水率要求

性能		单位	允许范围	
			<12	≥12
厚度偏差	未砂光板	mm	$-0.30\sim+1.50$	$-0.50\sim+1.70$
	砂光板	mm	±0.20	±0.30
长度与宽度偏差		mm/m	±2.0	
垂直度		mm/m	<2.0	
密度		g/cm³	0.65～0.80（允许偏差±10%）	
板内密度偏差		%	±10.0	
含水率		%	3.0～13.0	

表 2-7　干燥状态下使用的家具型中密度纤维板（MDF-GBREC）性能要求

性能	单位	公称厚度/mm						
		1.5～3.5	3.5～6	6～9	9～13	13～22	22～34	＞34
静曲强度	MPa	30.0	28.0	27.0	26.0	24.0	23.0	21.0
弹性模量	MPa	2800	2600	2600	2500	2300	1800	1800
吸水厚度膨胀率	％	45.0	35.0	20.0	15.0	12.0	10.0	8.0
内结合强度	MPa	0.60	0.60	0，60	0.50	0.45	0.40	0.40
表面结合强度	MPa	0.60	0.60	0.60	0.60	0.90	0.90	0.90

表 2-8　中密度纤维板甲醛释放量要求

方法	气候箱法	小型容器法	气体分析法	干燥器法	穿孔法
单位	mg/m³	mg/m³	mg/(m²·h)	mg/L	mg/100g
限量值	0.124	—	3.5	—	8.0

注：甲醛释放量应符合气候箱法、气体分析法或穿孔法中任一限量值，由供需双方协商选择测量方法。如果小型容器法或干燥器法应用于生产检测，则应确定其与气候箱法之间的有效相关性，即相当于气候箱法对应的限量值。

76. 试述中密度纤维板的生产工艺。

纤维板生产有湿法和干法两种生产工艺，在木门中普遍采用干法生产的中密度纤维板。中密度纤维板干法生产的工艺流程如下图 2-8 所示。

图 2-8　中密度纤维板干法生产的工艺流程图

77. 用于木门扇的中密度纤维板表面会覆贴哪几种装饰材料？有何技术要求？

覆贴在木门中密度纤维板表面的装饰材料有旋切单板、刨切单板（薄板）、装饰纸、饰面板等，这些材料均直接胶贴在中密度板表面。在胶贴时具有如下技术要求。

（1）厚度均匀，这一点对于纤维板基材尤为重要。厚度公差小，贴面时胶黏剂内的树脂在板面均匀熔融流动，这样就会形成平滑的表面，若厚度不均，板面各处所受压力也不一致，导致生产出的产品板面光泽不匀，影响板面美观。

（2）含水率均匀。

（3）板面平整，质地均匀。用于贴面的中密度纤维板表面必须平整，而且要求两面砂光，除去表面蜡质，使其平滑，背面厚度公差控制在±0.15mm。

（4）要求板面无翘曲。板面翘曲度不得超过 0.5%，以适应贴面装饰连续化、机械化生产，并使贴面材料不会发皱或拉裂。

四、胶合板

78. 何谓胶合板？具有哪些特点？

胶合板是由木段旋切成单板，将三层或三层以上的单板，按照对称和相邻层单板的纤维互相垂直的原则进行组坯，然后经涂胶、热压而成的人造板。由于结构的合理性和生产过程中的精细加工，胶合板可以克服木材的各种天然缺陷，如各向异性、节子、虫害等，综合利用率比起木材有了较大的提升。其特点归纳如下。

（1）尺寸稳定性好。胶合板在生产中单板纹理相互垂直、交叉排列，使相邻单板受力方向垂直，相互抵消，因而减少板面收缩、膨胀和变形。

（2）物理力学性能优异。胶合板具有容重轻、强度高、纹理美观、表面平整及力学性能均匀等优点。

（3）板幅大，木材综合利用率高。胶合板的幅面尺寸不受木材宽度的影响，最常用的胶合板尺寸是 2440mm×1220mm，最大可以达到 1830mm×7625mm。可以采用劣质的木材作芯板，珍贵材做表面板，生产出高等级的胶合板，而且生产过程中废料少。但胶合板也有不足之处：①与纤维板和刨花板相比，胶合板的价格高；②原材料比纤维板与刨花板要求高，后两者都可采用枝丫材和废弃料，而胶合板必须是木段。

79. 简述胶合板的分类。

胶合板的分类方法有很多，其分类有：

（1）按胶合板表面加工状况分为：未砂光胶合板、砂光胶合板、预饰面胶合板和贴面胶合板。

（2）按胶合板外形和形状分为：平面胶合板和成型胶合板。

（3）按用途可分为：普通胶合板和特种胶合板。

其中普通胶合板是指用途广泛的胶合板，普通胶合板按胶合板的树种又可分为阔叶材胶合板和针叶材胶合板。根据耐久性又分为四类：Ⅰ类胶合板为耐气候、耐沸水胶合板；Ⅱ类胶合板为耐水胶合板，能在冷水中浸渍和短时间热水浸渍；Ⅲ类胶合板为耐潮胶合板，在室内常态下使用，用于家具、门、窗和一般建筑中；Ⅳ类胶合板为不耐潮胶合板，在室内常态下使用。

80. 试述普通胶合板的生产工艺。

胶合板的生产工艺因原料不同，生产制造方式略有不同，普通胶合板的生产工艺是基本的，其他胶合板的工艺可在此基础上略有增补。普通胶合板的生产工艺流程如图 2-9 所示。

图 2-9　普通胶合板的生产工艺流程图

81. 试述胶合板在木门中的应用。

胶合板具有天然木材的优点，如容重轻、强度高、木纹自然而美观，没有天然木材的一些自然缺陷，如幅面小、易随环境干湿度变化而变形等缺点，因此它在木门中应用广泛。应用较多的有普通胶合板、装饰类胶合板和厚胶合板，其中装饰类胶合板主要用于木门的表面装饰，使木门的表面花纹与天然木材一样美观、典雅大方。厚胶合板可直接制造木门，作为木门用材，结构木纹纵横垂直交叉排列，使其应力平衡，确保门扇板面不会发生翘曲。

厚胶合板又通过砂光加工后，可以直接进行油漆，也可在饰面处理后油漆，用厚胶合板制作的木门，即达到了木门强度要求，又充分显示了实木的质感与美感，所以在木门市场深受消费者的青睐。普通胶合板通常做门扇的门芯和门框的基材。

82. 何谓装饰胶合板?

装饰胶合板是在普通胶合板表面胶黏一层装饰薄木，市场上简称装饰板或饰面板。常见的饰面板分为天然木质单板饰面板和人造薄木饰面板，天然木质单板是用珍贵的天然木材制作的，常用的树种有黑胡桃、山毛榉、水曲柳、柞木、枫木、核桃木等。经刨切加工方法制成的单板（薄木）胶黏在普通胶合板表面上，与普通胶合板相比它具有更好的装饰性能，表面更美观，同时减少珍贵木材的使用量，而门芯板可使用普通胶合板，从而降低了木门的生产成本。

83. 试述装饰单板贴面胶合板外观质量与物理力学性能指标。

装饰单板贴面胶合板具有装饰性，因此，其外观质量高于普通胶合板，见表2-9。

表2-9 装饰单板贴面胶合板外观质量要求

<table>
<tr><td rowspan="2" colspan="2">检量</td><td rowspan="2">项目</td><td colspan="3">质量等级</td></tr>
<tr><td>优等</td><td>一等</td><td>合格</td></tr>
<tr><td rowspan="2" colspan="2">装饰性</td><td>视觉</td><td colspan="3">材色和花纹美观</td></tr>
<tr><td>花纹一致性
（仅限于有要求时）</td><td colspan="3">花纹基本一致</td></tr>
<tr><td colspan="2">材色不匀、变褪色</td><td>色差</td><td>不易分辨</td><td>不明显</td><td>明显</td></tr>
<tr><td rowspan="2">活节</td><td>阔叶材</td><td rowspan="2">最大单个长径/mm</td><td>10</td><td>20</td><td>不限</td></tr>
<tr><td>针叶材</td><td>5</td><td>10</td><td>20</td></tr>
<tr><td rowspan="5">死节、孔洞、
夹皮、
树脂道等</td><td>半活节、死节、孔洞、
夹皮、树脂道和树脂道</td><td>每平方米板面上缺陷
总个数</td><td>不允许</td><td>4</td><td>4</td></tr>
<tr><td>半活节</td><td>最大单个长径/mm</td><td>不允许</td><td>10（小于5不计，
脱落需填补）</td><td>20（小于5不计，
脱落需填补）</td></tr>
<tr><td>死节、虫孔、孔洞</td><td>最大单个长径/mm</td><td colspan="2">不允许</td><td>5（小于3不计，
脱落需填补）</td></tr>
<tr><td>夹皮</td><td>最大单个长径/mm</td><td>不允许</td><td>10（小于5不计）</td><td>30（小于10不计）</td></tr>
<tr><td>树脂道、树胶道</td><td>最大单个长径/mm</td><td>不允许</td><td>15（小于5不计）</td><td>30（小于10不计）</td></tr>
<tr><td colspan="3">腐朽</td><td colspan="3">不允许</td></tr>
<tr><td rowspan="2" colspan="2">裂缝、条状缺陷（缺丝）</td><td>最大单个宽度/mm</td><td rowspan="2">不允许</td><td>0.5</td><td>1</td></tr>
<tr><td>最大单个长度/mm</td><td>100</td><td>200</td></tr>
<tr><td rowspan="2" colspan="2">拼装离缝</td><td>最大单个宽度/mm</td><td rowspan="2">不允许</td><td>0.3</td><td>0.5</td></tr>
<tr><td>最大单个长度/mm</td><td>200</td><td>300</td></tr>
<tr><td colspan="2">叠层</td><td>最大单个宽度/mm</td><td colspan="2">不允许</td><td>0.5</td></tr>
<tr><td colspan="3">鼓泡、分层</td><td colspan="3">不允许</td></tr>
<tr><td rowspan="2" colspan="2">凹陷、压痕、鼓泡</td><td>最大单个面积/mm^2</td><td rowspan="2" colspan="2">不允许</td><td>100</td></tr>
<tr><td>每平方米板面上的个数</td><td>1</td></tr>
</table>

检量	项目	质量等级		
		优等	一等	合格
补条、补片	材色、花纹与板面一致性	不允许	不易分辨	不明显
毛刺沟痕、刀痕、划痕		不允许		不明显
透胶、板面污染		不允许		不明显
透砂	最大透砂宽度/mm	不允许	仅允许在板边部位	仅允许在板边部位
边角缺陷	基本幅面尺寸内	不允许		
其他缺陷		不影响装饰效果		

注：装饰面的材色色差，需贸易双方确认，需要仲裁时应使用测色仪器检测。"不易分辨"为总色差小于1.5；"不明显"色差为1.5～3.0；"明显"为色差大于3.0。

装饰单板贴面胶合板物理力学性能要求值如下。

（1）含水率为6.0%～14.0%。

（2）浸渍剥离：试件贴面胶层和胶合板每个胶层上的每一边剥离长度均不超过25mm。

（3）表面胶合板强度≥0.4MPa。

（4）冷热循环试验：试件表面不允许有开裂、鼓泡、起皱、变色、枯燥等现象，且尺寸稳定。

五、细木工板

84. 何谓细木工板?

细木工板俗称大芯板，是具有实木板芯的胶合板。它是由两片单板中间胶压、拼接木板而成的板材，如图2-10所示。细木工板的两面胶黏的单板总厚度大于3mm，中间木芯板是由优质的小木方经干燥以后加工而成，将一定规格的木条由拼板机拼接而成，再在拼接后的木板两面覆盖1～2层优质的单板。经冷压或热压胶压后制成的板材称为细木工板。

图2-10 细木工板

85. 细木工板与实木胶合板、刨花板、中密度纤维板相比具有何特点?

细木工板有如下特点：

（1）细木工板板面美观、幅面大（2440mm×1220mm）；

（2）尺寸稳定性好，无翘曲变形；

（3）质坚，握钉力好，强度高；

（4）具有吸声、隔温、绝缘等特点。

与实木相比，细木工板在生产中严格遵循对称性原则，有效克服了木材各向异性，避免了板材的翘曲变形。与胶合板相比，两者都是采用对称性原则，翘曲变形小，但细木工板既具有普通厚胶合板的美观和相近强度，又比厚胶合板质地轻，耗胶少，投资低。与刨花板、中密度纤维板相比，细木工板保留了天然木材质感与美感，顺应人们追求自然的要求。因此，用细木工板作门扇材料制作出的木门在材质和外观上接近实木门。

86. 试述细木板的分类。

目前细木工板在木门制造中已被大量采用，其分类多种多样，按《细木工板》（GB/T 5849—2016）分类有如下几种。

（1）按板芯结构分：可分为实心细木工板与空心细木工板，空心细木工板是以方格板作芯板而制作成的细木工板。

（2）按板芯拼接状况分：可分为胶拼细木工板与不胶拼细木工板。

（3）按表面加工状况分：可分为单面砂光细木工板、双面砂光细木工板、不砂光面细木工板。

（4）按使用环境分：可分为室内细木工板与外用细木工板。

（5）按层数分：可分为三层、五层、多层细木工板。其中三层细木工板是指在板芯的两个表面各粘贴二层单板制成的细木工板；多层细木工板芯的两个表面粘贴二层以上的单板。

（6）按用途分：分为普通与建筑用两类细木工板。

87. 简述细木工板的生产工艺及其要点。

细木工板生产工艺流程如图 2-11 所示，生产要点如下。

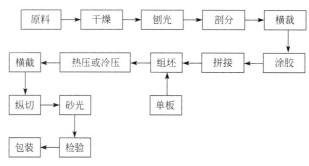

图 2-11　细木工板生产工艺流程图
注：前七步是芯料生产。

（1）木芯材选用同一材种或相近材性的原料；

（2）木芯材干燥，其含水率必须控制在 6%～13%；

（3）木芯板不仅刨光，且平整，其厚度公差≤1mm；

（4）芯条规格：长度≥100mm，宽和厚≤3.5mm；

（5）拼板时芯条侧面缝隙≤1mm，芯条端面的缝隙≤3mm。

88. 为什么市场上销售的细木工板质量和价格差异较大？

细木工板质量的关键是芯板的质量，因芯板隐藏在两个单板之间，无法用肉眼察看其质量，造成差异的原因有以下几点。

（1）内芯的木条含水率不达标。细木工板的两个单板之间放置的规格木条，正规企业采用经人工干燥含水率均匀、达标的，三无企业采用自然干燥，既不稳定又不均匀。

（2）内芯木条质量不合格。有的企业为了获利，牺牲品质甚至把带树皮的边角料、缺梭等材料混入其中。

（3）加工工艺差异。芯材拼板可采用拼板机加工，也可用手工加工拼板，即用人工将木条镶入夹板中，这样的放置木条受到挤压较小，拼接不均匀，缝隙大，握钉力差，因此，不能锯切加工，只宜做垫层；而机拼的板材受到挤压力较大，缝隙小，拼接平整，承重力均匀，长期使用下板材仍不易变形。

鉴于上述原因，细木工板一定要买质量有保证的细木工板作门扇或门的零部件。

89. 应用于木门细木工板的理化性能指标值为多少？

木门采用的细木工板，其理化性能指标值如下：
（1）含水率为 6%～14%；
（2）静曲强度平均值≥15.0MPa，最小值≥12.0MPa；
（3）浸渍剥离：试件每个胶层上的每边剥离长度不超过 25mm；
（4）表面胶合强度≥0.60MPa。

六、单板层积材与科技木

90. 何谓单板层积材？

单板层积材简称 LVL，它是由旋切或刨切制得的单板，顺着纤维方向平行层积，胶合而成的一种高强度的结构板材。单板的端部可斜接、搭接或对接。

单板层积材的生产工艺与胶合板类似，但是单板层积材主要用作方材来使用，通常宽度较小，要求长度方向强度比较大，因此它与胶合板不同的是单板排列时，单板纤维方向都一致。

91. 单板层积材有何特点？在木门中如何应用？

单板层积材具有如下特点。
（1）木材利用率高。它可利用小径材，甚至弯曲材，进行加工，出材率可达 60%～70%；
（2）尺寸稳定性好；
（3）强度均匀，其强重比优于钢材；
（4）易进行防腐、阻燃、防虫处理；
（5）机械加工性能好，可进行锯、刨、凿眼等加工。目前单板层积材在木门生产中用于门框和门扇的部件。

92. 何谓科技木？

科技木是将人工林或普通木材（如杨木）旋切成单板，以其为原料，在不改变木材天然特性和物理构造下，应用计算机的三维模拟技术，采取测色、配色、调色先进技术手段，又通过染色制造出具有珍贵树种纹理和色泽，甚至优于天然珍贵树种表面装饰的单板。它按纤维方向涂胶组坯，胶合层压，然后再锯切成板材或刨切成薄木。

93. 试述科技木的特点及其在木门中的应用。

科技木具有以下特点：

（1）科技木色彩丰富，纹理多样，图案新颖。科技木既保持了天然木材的属性，又可模拟日渐稀少价格昂贵的珍贵材，又可创造出各种更具有艺术感的美丽花纹和图案，具有天然木材不具备的颜色及纹理，即色彩更鲜艳，纹理立体感更强，图案更具动感。

（2）科技木保留了木材原有的隔热、绝缘、耐高温等自然属性。

（3）科技木的密度及静曲强度等力学性能优于天然木材。

（4）科技木可加工成不同幅面尺寸，克服了天然木材的局限性。

在木门生产中，主要是将科技木制成木方锯成板材或刨切成薄木，将其覆贴在门扇或木框表面。科技木是一种几乎没有任何缺陷的装饰，同时其纹理与色泽均具有一定的规律性，因而在装饰过程中可以避免天然木纹理与色泽差异。

94. 试述非结构用单板层积材的技术要求。

非结构用单板层积材生产工艺类似胶合板，但在技术上有特殊要求。

（1）相邻两层单板的纤维方向应互相平行，特定层单板组坯时，可横向放置，但横向放置时单板的总厚度不超过板厚的20%。

（2）各层单板宜为同一厚度、同一树种或材性相似的树种。

（3）同一层表面板也应同一树种，并应紧面朝外。

（4）单板层积材中，不得含有杂物。

（5）内层单板拼缝应紧密。

第三节　其他材料

一、蜂窝纸

95. 何谓蜂窝纸？

蜂窝纸是将牛皮纸折弯成六角形结构，是根据自然界蜂巢结构原理制作的。它把瓦楞原纸用胶连接成无数个正六边形的空心体，如图2-12所示。这样就组成一个整体的受力件，再在其两个表面黏合面纸，而成为一种新型夹层结构蜂窝板状的环保节能材料，如图2-13所示。

蜂窝纸既可作为木门门扇的门芯材料，也可用在木门包装箱内作填充材料。

图 2-12　蜂窝纸

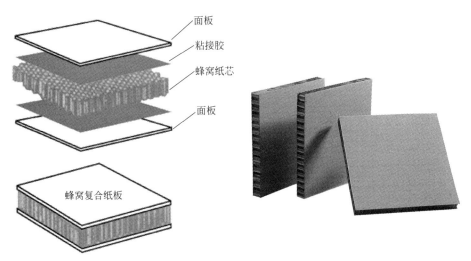

面板

粘接胶

蜂窝纸芯

面板

蜂窝复合纸板

图 2-13　蜂窝复合纸板

96. 蜂窝纸与其他种类人造板相比具有何特点?

（1）结构稳定性好，不易变形。蜂窝纸的结构近似各向同性，不易变形。

（2）优异的缓冲、隔声和保温功能。蜂窝纸内部结构有空腔，空腔中充满了空气，因此它与人造板相比具有良好的缓冲、隔声、保温作用。

（3）质轻，用料少，生产成本低，可回收循环再生制作。

97. 蜂窝纸芯型号和纸芯规格如何选用?

蜂窝纸具有弹性、节约原料、成本低、可回收等特点，而被广泛应用于建筑业、家具业、木门业，蜂窝纸芯型号的选用和纸芯规格见表 2-10、表 2-11。

表 2-10　纸芯型号的选用

应用类型	蜂窝纸芯型号
建筑用房门	B、C、D、E
家具板材、办公屏风	B、C、D
轻质隔墙、活动房屋	C、D（可选防火型）
外幕墙	A、B、C（防水型）
包装板	A、B、C、D

表 2-11　纸芯规格

蜂窝纸芯型号	胶线宽度/mm	标准胶线宽度/mm	标准胶线间距/mm
A	3.8～5.8	5.77	11.54
A、B	5.6～7.0	6.93	13.86
B	6.7～8.7	8.66	17.32
B、C	8.4～10.4	10.39	20.78
C	9.0～12.2	12.12	24.24

蜂窝纸芯型号	胶线宽度/mm	标准胶线宽度/mm	标准胶线间距/mm
C、D	11.0～13.3	13.28	26.56
D	12.5～14.5	14.14	28.28
E	15.5～20.5	23.09	46.18
F	15.5～20.5	28.87	57.74
C	15.5～20.5	31.25	62.5

98. 简述蜂窝纸芯的生产工艺。

蜂窝纸生产中的最关键的技术是纸芯拉伸，纸芯拉伸直接决定了蜂窝纸的利用率和产品的质量。目前，对蜂窝纸芯的加工采用双端双面差速牵引拉伸，其生产工艺流程如图 2-14 所示。

图 2-14　蜂窝纸芯生产工艺流程图

99. 试述蜂窝纸在木门中的应用。

蜂窝纸因具有弹性好、节约原料、成本低、质轻等优点，在木门生产中很早就被应用，但是其强度低于其他人造板，所以只能用于门扇的门芯。用蜂窝纸作门芯的木门自重轻，隔音效果佳。使用蜂窝纸也降低了木门的生产成本。通常在生产平面木门时，选用 C 型蜂窝纸芯；制作模压门时，则选用 D 型蜂窝纸芯。也可根据用户的需要和成本的核算，自选适当的蜂窝纸芯类型。

二、木塑复合材料

100. 何谓木塑复合板？

木塑复合板（wood plastics composites，简称 WPC），是用木纤维或植物纤维与热塑性树脂混合经挤出或压制成板状的板材，图 2-15 为木塑套装门。

木塑复合板兼有木材和塑料的优点，可以替代一部分木材和塑料，随着环境保护意识的增强，世界各国都在努力探寻木材的替代材料，国内许多木材加工企业为充分利用锯木粉、废木屑等废弃材料，也纷纷研究将木材废料与塑料的混合物加工成护墙板、踏板、装饰板等制品，其中木门企业就利用该材料加工成木塑门。

图 2-15　木塑套装门

101. 简述木塑复合材料的性能。

木纤维或植物纤维加入塑料后塑性与刚性提高了，兼有木材和塑料的特点，具体如下。

（1）经久耐用，使用寿命长。

（2）尺寸稳定性优于木材，且不会产生裂缝。可加入着色剂，或在其表面贴装饰材料，使其表层色彩艳丽。

（3）机械加工特性好，可切割、可钻、可铣、粘接，用钉子或螺栓连接固定。

（4）不怕虫蛀，耐老化，耐水，不会吸湿变形。

（5）具有热塑性的加工性能，容易成型。

（6）加工设备投资少，维修方便，费用低。

102. 简述木塑复合材料在木门中的应用。

木塑复合材料是由木质材料和高分子材料，辅以各种功能剂通过模塑化挤出成型的新型建材。它充分发挥木材的易加工和塑料的再加工、可塑性的特点，因此木塑复合材料在木门生产中是国家大力发展和开发的新型材料。

木塑复合材料既可制作门扇，也可制作门框等部件，如图 2-15、图 2-16 所示。

该材料制作的门扇与门框已系列化，而且配套性也强，既可套装化生产，也可适应传统木材加工工艺。门框的尺寸，可根据不同的墙体宽度配备多种规格，供消费者与装饰公司选择。

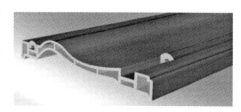

图 2-16　木塑门框

三、竹质板材

103. 竹材与木材相比具有什么特点？

世界上有记载的竹子 50 余属，1200 余种。据不完全统计，我国有 400 多种竹子，主要产于长江流域以南各省。我国竹林资源十分丰富，竹子产量近几十年来一直呈现稳步增长趋势。它与木材相比具有如下特点。

（1）竹子生长的最大特点是一次造林，年年砍伐，永续利用，而且不破坏生态平衡。

（2）竹材组织致密，材质柔韧，抗拉与抗压强度高，其抗拉强度为木材的 2.0～2.5 倍，抗压强度为木材的 1.2～2.0 倍。

（3）竹子与木材相比，其尺寸稳定性好。

104. 何谓重组竹？具有什么特点？

重组竹又称重竹，它是将竹材重新组织，并再加工成型的一种竹质新材料。也就是将竹子加工成通长的竹篾或竹丝，并保持纤维原有排列方式的疏松网状纤维束（竹丝束），再经干燥、浸胶，再干燥到所需要的含水率，然后铺放在模具中，经高温、高压热固而成的板材（或其他形式）材料。重组竹的特点如下。

（1）重组竹的色泽、质感、触感与珍贵的小叶紫檀等材种极为相似，因此，它是一种新型的可替代硬阔叶材的结构材。

（2）重组竹的密度大。

（3）加工性能好，具有良好的锯、刨、削等加工性能。

（4）尺寸稳定性好。

105. 简述重组竹的生产工艺。

重组竹有两种生产工艺，一种是冷压，另一种是热压，这两种工艺的主要区别在于铺装和压制工段。冷压工艺铺装工段，是将竹丝铺装在模具里；热压工艺是竹丝直接铺在热压垫板上。热压重组竹生产工艺流程图如图 2-17 所示。

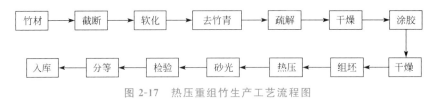

图 2-17 热压重组竹生产工艺流程图

第四节 饰面材料

106. 用于木门的饰面材料有哪几类？

随着全球工业化和现代化进程的发展，森林资源日益贫乏，特别是珍贵材成为稀缺资源。人们对回归自然绿色的生活环境的追求日益增长，促使人们更珍视珍贵木材，不断寻求综合利用，合理利用和替代利用的研究和发展。当前木门生产大量采用各种木质人造板，因此，必须采用各种饰面材料进行贴面装饰和保护。木门表面的饰面材料琳琅满目，种类繁多，有木质类、纸质类、塑料类、纺织类、合成革类、金属类等，其中用于木门的饰面材料包含木质、纸质、塑料三大类。

木质类：天然薄木、人造薄木、单板等。

纸质类：装饰纸、热固性树脂浸渍纸、高压装饰层积板等。

塑料类：聚氯乙烯薄膜、聚乙烯薄膜等。

一、薄木

107. 何谓薄木？

薄木俗称"木皮"或"木质单板"，是一种具有珍贵树种特色的木质片状薄型饰面材料，其厚度为 0.05～3mm，但目前我国生产的薄木厚度一般是 0.25～0.3mm。在当前全球都注重环保和保护森林资源的形势下，纯实木门产品越来越少，生产重点逐渐转向实木复合门与木质复合门，而薄木具有木材特性及其独特的装饰效果，将薄木用来饰面木门，不仅具有实木的视觉效果，还能克服变形等缺点。因此，薄木已成为木门行业的主要饰面装饰材料。

108. 试述薄木的分类。

装饰薄木的种类较多，目前国内外还没有统一的分类方法。目前，业内按薄木的制造方法、形态、厚度对薄木进行如下分类。

（1）按薄木制造方法分类。制造薄木的方法有多种，目前在生产中制造薄木的方法主要有以下四种。

① 刨切薄木：将原木剖成木方，并在进行蒸煮、软化处置后刨切成片状薄木，目前在生产中普遍应用的是卧式刨切机和立式刨切机。

② 锯切薄木：把木方固定在能移动的台面上采用锯机锯切成薄木或薄板，但该种方法出材率低，应用较少。

③ 旋切薄木：将原木进行蒸煮、软化处理后，在旋切机上顺时针旋转旋切出连续带状的薄木，此时薄木表面都是旋向花纹。

④ 半圆旋切薄木：又称偏心旋切，它是介于旋切和刨切之间的一种旋切薄木的方法，可在旋切机上将木段偏心装夹进行旋切，也可在专用半圆旋切机上进行。

（2）按薄木形态分类。

① 天然薄木：选用珍贵树种的木方，直接刨切制得的薄木。

② 人造薄木：由一般树种的旋切单板进行仿珍贵木材的色泽染色后，再按纤维方向胶合成木方，然后进行刨切的薄木。该种薄木又被人们称为科技木薄木，简称科技薄木。

③ 集成薄木：由珍贵树种或一般树种经染色的小方材或单板薄木的纹理图案先拼成集成木方，再刨切成整张拼花的薄木。

（3）按薄木厚度分类。按厚度分为三种薄木，即微薄木、薄形薄木、厚薄木（单板）。

① 微薄木：厚度≤0.3mm，常用尺寸有 0.05mm、0.1mm、0.2mm、0.25mm、0.3mm。

② 薄形薄木：0.3mm≤厚度<0.5mm。

③ 厚薄木（单板）：厚度≥0.5mm，一般指厚度为 0.5～3mm 的薄木。

109. 薄木在生产过程中制造出的花纹有哪些？采用何种加工方法？

薄木在生产过程中，制造出的花纹大致分为径向、弦向、半径向等。

径向花纹：薄木表面的年轮呈现平行直线和带有小花纹。径向纹理的薄木美观大方，纹理雅致清晰，变形小，如图 2-18 所示。

| 自然橡木 | 橡木 | 红木 |

| 榉木 | 染色橡木 | 橡木 |

图 2-18　径向花纹

弦向花纹：薄木表面年轮呈现 V 字形（类似山峰状），弦向花纹粗放，装饰醒目，如图 2-19 所示。

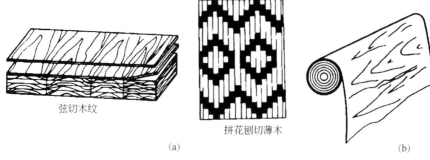

弦切木纹

拼花刨切薄木

(a)

(b)

图 2-19　弦向花纹
(a) 集成薄木；(b) 薄木卷材

半径向花纹：薄木表面四分之三呈现带有平行直线，同时又带有小花纹相结合的纹理。

上述各种花纹的呈现与采用的剖方和刨切方法有关，因而，选择剖方方法和刨切方法是很重要的。采用不同刨切方法及刨切设备会得到不同的花纹，如表 2-12 所示。

表 2-12　加工薄木方法与木材花纹

刨切方法	刨切设备	薄木花纹	薄木厚度
旋切法	旋切机	弦向	薄
卧式刨切法	卧式刨切机	弦向 径向	薄
立式刨切法	立式刨切机	弦向 径向	薄
倾斜刨切法	倾斜刨切机	径向 半径向	薄
半圆旋切法	半圆旋切机	弦向	薄
锯切法	精密锯切机	径向 弦向	薄

110. 生产天然薄木的木材，对其结构有何要求？

制造薄木可用的树种很多，一般针叶树和阔叶树都可以，但实际上都采用阔叶材。加工天然薄木的要求是：①木材结构均匀；②木材纹理通直，材质细致；③木射线粗大或密集；④木材导管细小，若采用导管大的木材刨切出的薄木容易产生裂纹和透胶；⑤材质不能太硬，易进行切削与胶合；⑥为了达到特殊花纹可选用树瘤多的树种，但材质不能太硬。

111. 制造天然薄木采用的树种有哪些？

森林资源匮乏，合理利用珍贵木材已成为重要议题，不仅中国重视这一问题，一些工业发达的国家也都在不断采用新技术，开发珍贵木材资源，扩大刨切薄木新树种。据调查，中国能用来制造装饰薄木的树种有 300 多种，而其常用的树种有花梨木、柚木、水曲柳、樱桃木、榆木、美柚、榉木、山毛榉、白橡、红橡、白莲木、楠木、沙比利、椴木、樟木、槭木、胡桃木、黄波罗、核桃楸、桦木、麻栎、铁刀木、大叶合欢、小叶红豆、桑木、苦楝、非洲桃花心木、栎木等。

112. 试述天然薄木的生产工艺流程。

天然薄木虽然可采用刨切、旋切、锯切三种方法，但木门用的薄木大部分是采用刨切的方法进行加工的，其工艺流程如图 2-20 所示。

图 2-20　刨切天然薄木生产工艺流程图

113. 刨切和旋切法生产薄木时，为什么要将木方进行蒸煮？

在刨切或旋切加工时，为了切出质量好的薄木，通常都要将木方进行蒸煮，其原因如下。

（1）蒸煮为热处理，其目的是软化木材，降低木材硬度，增加木材的可塑性，提高木材的含水率。此外，通过蒸煮还可以除掉木材中的部分油脂、单宁等木材中的浸提物，减少木材在切削时的阻力，使刨切过程比较轻快，而且使刨出的薄木表面平整、光滑，提高刨切薄木的使用寿命。

（2）薄木在干燥机上干燥时，薄木纤维散发水分比较均匀，同时也节省干燥时间。

（3）避免薄木背面开裂。

114. 门扇表面贴薄木时，还应进行什么加工？

将薄木粘贴到门扇表面时，要根据门扇规格、纹理要求，对薄木进行剪切与拼接。

（1）剪切。由于薄木厚度薄，进行单板剪切加工时易破损，因此将薄木摞在一起进行剪切。薄木剪切用的设备主要是重型铡刀机或圆锯机。无论采用何设备都是先横截成定长，其加工余量一般为 15～20mm，再纵截定宽，其加工余量为 5～10mm。

（2）拼接。将薄木覆贴于门扇表面时，有装饰要求，拼成各种漂亮图案，装饰效果更为突出。可采用胶带拼接、胶线拼接、胶缝拼接、胶滴拼接等拼接方法。

① 胶带拼接，即将胶带贴在薄木的表面，胶带可在表面砂光时砂去。也可用穿孔胶带贴在薄木的背面，缺点是薄木比较薄时，胶带易在表面显示出来，因此一般采用表面贴纸胶带的方法。但是该法在进行表面精加工时，为除去纸胶带要研磨表层，这样会使表层薄木变薄，有时还会有残留的污染痕迹，所以操作时要仔细。

② 胶线拼接，即采用热熔性树脂线在接缝机上将薄木进行拼接，这种接缝机适用于拼接厚度为 0.5～0.8mm 的薄木，此法最为常用。

③ 胶缝拼接，薄木的侧边涂有胶黏剂，在无纸带接缝机中的加热辊和加热垫板的热压下固化胶合。该法不适用于微薄木，适用于厚薄木拼接。

④ 胶滴拼接，是采用外包有热熔树脂的细玻璃纤维代替胶带，将两张薄木进行拼接在一起，用该法可拼接厚度为 0.4～1.8mm 的薄木。

为使木门的外观图案协调，同一扇门或并列的两扇门最好采用同样纹理的薄木，应由同一木方加工而成的薄木。

115. 何谓人造薄木（人工薄木）？有何特点？

人造薄木又称人工薄木，是采用普通树种，经过热处理、旋切制成单板，经过漂白、染色、旋胶组坯后压制成木方，再经刨切制成薄木。它与天然薄木相比具有如下特点。

（1）选用普通树种单板，排列组合和采用不同加工方法，可以制成各种图案的薄木，材色美观，与天然同类型树种的薄木相比，真假难辨，该工艺可以自行设计和控制。

（2）可根据门扇的尺寸做成整张薄木，简化薄木贴面组坯工艺。

（3）组合薄木可连续生产，可大量生产相同纹理的薄木，不仅能真实仿制天然薄木，而且可以自行设计创意天然薄木。人造薄木具备的纹理和色泽，更可满足多样化和个性化要求。

116. 简述生产人造薄木的树种及材质要求。

生产人造薄木可采用普通树种，但对其材质有如下要求。

（1）采用装饰性强的树种，木材组织结构均匀，无节疤、虫眼、树脂，不易开裂。

（2）木材纹理通直、清晰、易于切削。

（3）材质组织松软、均匀，并有一定韧性，有利于加工、胶合，适用于染色和涂饰。

制造人造薄木常用树种有杨木、松木、椴木、桦木等软材树种。

117. 简述人造薄木的生产工艺流程。

人造薄木生产工艺流程如图 2-21 所示。

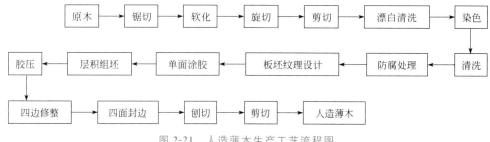

图 2-21　人造薄木生产工艺流程图

二、装饰纸

118. 何谓装饰纸？试述其特点。

装饰纸是人造板表面的装饰材料，它具有美丽逼真的木纹或图案，并且保色性良好，具有优良的胶合性能。装饰纸具有如下特点。

（1）色泽清晰，图案逼真，保色性好。

（2）具有优良的胶合性能。

（3）具有很好的遮盖能力。

（4）对胶黏剂及涂料有一定的吸收能力，但吸收性又不宜太大。

（5）具有一定的抗拉强度。

（6）具有很好的涂刷性能。

119. 简述装饰纸的分类。

装饰纸分类方法有以下几种：

（1）按饰面工艺不同分为高压法饰面纸和低压法饰面纸。

（2）按表面有无印刷分为素色纸和印刷纸。

（3）按耐色牢度分为标准级和高保色级。

（4）按加工过程分为原纸、印刷装饰纸和装饰胶膜纸。

120. 用于木门贴面的装饰纸有哪几类？

用于木门贴面的装饰纸有以下三类。

（1）原纸：分为素色纸与印刷用原纸，是装饰图案的印刷载体，其主要性能要求有：适应性，能将油墨转移、吸收；有一定的平滑度；纸质压缩性和柔软度好；遮盖性好，能遮盖住人造板表面的粗糙度。

（2）印刷装饰纸：原纸经印刷形成各种图案后就称为印刷装饰纸。在造纸时添加了遮盖材料——钛白粉，使装饰纸具有良好的遮盖性能。

（3）装饰胶膜纸：素色原纸或印刷装饰纸浸渍三聚胺树脂并经过干燥可制成装饰胶膜纸，所以它是具有一定树脂含量和挥发物含量的胶纸，将其覆贴到人造板面的门扇板上经热压就与人造板基面牢牢地胶合。

121. 木门采用的装饰纸应执行何标准？规格尺寸、允许偏差值与外观质量有何要求？

木门用的饰面装饰纸应执行《人造板饰面专用装饰纸》（LY/T 1831—2009）的标准。

装饰纸规格及允许偏差值：原纸及印刷装饰纸为卷筒纸，其卷筒宽度通常为 1250mm、1320mm、1560mm、1860mm、2070mm 等，偏斜度不得超过 3mm，卷筒宽度尺寸偏差为±3mm；原纸每筒纸的接头不得超过 1 个，印刷装饰纸每筒的接头不得超过 3 个。接头部位粘接应牢固、洁净，不得有粘连现象。

装饰胶膜纸与印刷装饰纸不同，它是以"张"为单位，低压法用纸常见规格长度为 2460mm、2640mm、4900mm；宽度为 1250mm、1560mm、1860mm、2090mm、2460mm、2820mm。常见规格高压法纸长度为 1910mm、2215mm、2530mm；宽度为 560mm、1260mm。两种纸长宽偏差均为±20mm，对角线偏差不大于 5mm。

印刷装饰纸、素色装饰纸与装饰胶膜纸的外观质量要求如表 2-13 所示。

表 2-13　印刷装饰纸、素色装饰纸与装饰胶膜纸的外观质量要求

项目	外观质量要求		
	印刷装饰纸	素色装饰纸	装饰胶膜纸
色差	与标准纸样同时浸渍并压贴后比较明显的不允许	压贴后与标准饰面板比较明显的不允许	
白点	明显不允许		
污斑	明显不允许	明显不允许	
套印精度差	≤1mm，纹理清晰	—	≤1mm，纹理清晰
皱褶	影响使用的不允许	影响使用的不允许	

项目	外观质量要求		
	印刷装饰纸	素色装饰纸	装饰胶膜纸
漏印	明显不允许	—	明显不允许
刀线	明显不允许	—	明显不允许
跳刀	明显不允许	—	明显不允许
纸边缺口	不允许	—	—
端面平整度	±3mm	—	—
卷芯变形	不允许	—	—
死褶	不允许	—	—
有效印刷厚度偏差	±3mm	—	—
收卷松紧边	不允许	—	—
边角缺损	在公称尺寸内不允许		
裂纹	—	长度≤50mm，且拼合后不影响装饰纸效果允许出现一条	
胶泡	—	轻微	
胶粉	—	轻微	
漏胶	—	不允许	
粘连	—	不允许	

三、聚氯乙烯树脂薄膜

122. 何谓聚氯乙烯树脂薄膜？有何特点？

聚氯乙烯树脂是热塑性树脂，可以做成薄膜贴在人造板材料的门扇上，进行表面装饰。聚氯乙烯薄膜是在聚氯乙烯粉末中加入一定比例的增塑剂、稳定剂、润滑剂、着色剂等添加剂，经混炼、压延或吹塑法制成的薄膜。在薄膜上印刷图案、花纹，并经模压处理后贴于木门扇的人造板表面具有很好的装饰效果。聚氯乙烯薄膜具有如下特点。

（1）平滑性能好，印刷前不需作任何处理，薄膜可以制成透明或不透明的印刷图案，花纹色泽鲜艳。

（2）透气性好，可减少空气、温度对基材（人造板）的影响。

（3）黏合性好，选用适当的胶黏剂黏合在木质板上。

（4）表面比较柔软，便于模压各种图案，易进行锯切、开榫、打孔等加工。

（5）有良好的遮盖能力，耐水性、耐腐蚀好。

缺点：耐热性较差；表面硬度比较低。PVC具有上述的优点，因此是木门常用的饰面材料。

第三章

木门的五金件及
其他辅料

第一节 木门的五金件

1. 试述五金件在木门中的作用。

五金件是木门的重要组成部分，五金件对木门的质量与功能有直接的影响。人们对居室空间的质量越来越关注，也越来越追求木门的个性化和多元化，五金件在木门中所起的作用也越来越重要。为适应市场个性化需求，五金件造型、色泽日新月异。五金件不仅起到连接、固定和装饰的作用，还能改善木门的造型和结构，直接影响木门的内在和外观质量。

木门的物理性能应该具有抗风压性、气密性、保温性、隔声性等功能。而其中五金件是直接影响木门物理性能和寿命的关键性部件，五金件对功能性门的影响尤为突出，例如保温门、防盗门等木门。如果没有良好的五金件，即使采用最好的保温、隔热材料制成木门也达不到气密性和保温性等性能指标。五金件是影响木门防盗性能好坏的核心部件，木门防盗门质量的好坏，主要取决于五金件，如锁具、铰链等。

因此，优质的木门一定是新颖的设计、先进的木门生产工艺和优质的五金件组成的综合体现。

2. 木门中常用的五金件有哪些？

五金件是木门的重要组成部分，五金件是连接、固定和锁定木门的部件，同时也起到点缀、装饰作用。木门的五金件按照功能可以分为活动件、紧固件、支撑件、锁合件和装饰件。常用的五金件有门锁、铰链、定位器、闭门器、拉手、滑道等。

3. 试述木门门锁的作用与分类。

门锁主要用于门的固定，使门能够开启和锁住，它可通过钥匙或锁卡随意开启和锁住，是木门防盗性能的核心部件，也是保证安全的重要部件。门锁种类众多，通过以下分类分别叙述。

（1）按锁体安装位置分类，有外装门锁（复锁）和插锁两种。

① 外装门锁，锁体安装在门扇边挺的表面，安装拆卸都方便。

② 插锁又名插芯门锁，锁体安装在门扇边挺内（将边框按锁体尺寸凿洞后，把锁体装入）。该锁特点是锁体不外露，坚固美观，不易损坏，但拆卸、安装均不如外装门锁方便。

（2）按锁体的执手分类。

① 球形门锁执手为球形，造型美观，该种锁分为三种：一般球形门锁、高级球形门锁及球形钢门锁。

② 执手门锁，执手为角形，造型美观。

③ 拉环门锁，执手为拉环，使用方便，多用于钢门上。

（3）按锁的功能分类。

① 专用锁。专用锁是指具有专门用途的锁，如卫浴门锁、更衣门锁、恒温室内门锁、防火门锁等。这种锁在功能上有一种特殊要求，如厕所的门锁，要求在厕所（卫浴）内将锁锁上后，室外无法开启，锁孔处应显示"有人"的字或显示红色；密闭门锁要求具有极高的密闭性，不得透风透气；防火门锁具有耐火性能……这些功能是一般门锁不需要也无法达到的。

中国木门 **300** 问

② 特种锁。该锁不仅具有特殊功能，而且还具有特殊构造及特别启闭方式，包括组合锁、磁卡锁。

（4）按锁的锁舌分类。

锁舌有活舌、静舌（又名呆舌）两种。前者多为斜形或圆弧形，可自由伸缩，供门启闭之用；后者多为方形。静舌多供锁门之用，锁体只有一个锁舌者称单舌锁，有两锁舌者称多舌锁。

（5）按锁的锁体分类。

一般分为狭型、中型、宽型三种，狭型的锁体宽度为50～65cm，适用于边挺较窄或较薄的门扇。中型的锁体宽度为78cm左右，适用于一般门扇。宽型锁体宽度大于78cm，适用于门扇较厚、边挺较宽的门扇。

（6）按锁的锁面板分类。

锁面板在插锁锁体的一侧，当插锁锁体嵌入门扇边挺后，锁面板可把边挺上的孔洞盖住，并把锁体固定在门扇上，锁面板分平口式、圆口式、企口式三种。平口式适用于一般平开门，圆口式适用于弹簧门及圆口门，企口式适用于企口门（如双扇门）。

（7）按开启原理分类。

机械门锁即上文所叙述，不再重复。

电子门锁，按密码输入方式分类有指纹锁、密码锁、卡片锁、专用锁。

4. 门锁由哪几个部件组成？其锁体安装在何位置？

门锁主要是由锁体、锁片、锁芯和执手组成。在安装锁体时，必须考虑门的类型。企口门安装时，锁体面板偏心固定在锁体盒上；平口斜边门在安装锁体时，锁体面板居中，倾斜固定在锁体盒中；平口门安装锁体时，锁体面板居中固定于锁体盒上。

5. 木门常用的锁片有哪几种类型？如何选择？

木门所用锁片种类与门的形式有关，通常的锁片有以下几种类型：L形直角锁片、带锁舌盒锁片、平锁片、带导向的平锁片，如图3-1所示。

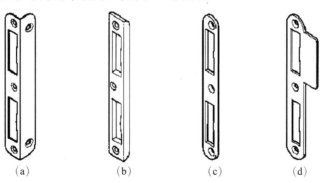

图 3-1　锁片类型

（a）L形直角锁片；（b）带锁舌盒锁片；（c）平锁片；（d）带导向的平锁片

通常平口门选用平锁片或带导向的平锁片；企口门可选择L形直角锁片或带锁舌盒锁片和平锁片。

对于有特殊要求的木门，需要加固安装，如公寓的外门、办公大楼的外门及主要出入口大门，可选择防盗锁片。此种锁片特点是锁片比普通锁片长和厚，有多个螺钉加固点。如有需要甚至可以与墙面固定。

6. 普通门锁与防火门锁有什么区别？

普通门锁与防火锁最重要的区别是锁体不同，防火锁必须经过防火检测合格。按《防火门》（GB 12955—2008）规定，在门锁锁芯结构处，防火锁均应有执手或推杆结构，不允许以圆形或球形旋钮代替执手。

防火锁芯须经国家认可、检测合格，其耐火性能符合《防火门》（GB 12955—2008）附录 A 的规定。该规定中有关防火锁的要求和试验方法如下：防火锁的牢固度、灵活度和外观质量应符合《插芯门锁》（QB/T 2474—2017）规定。

防火锁的耐火性能应符合如下要求：

（1）防火锁的耐火时间应不小于安装使用的防火门耐火时间。

（2）耐火试验过程中，防火锁应无明显变形和熔融现象。

（3）耐火试验过程中，防火锁芯无蹿火现象。

（4）耐火试验过程中，防火锁应保证防火门扇处于关闭状态。

防火锁体有标准体、通道锁体、管井锁体、紧急盗身锁体、安全防盗锁体五种。

7. 何谓欧式门锁？

欧式门锁的锁体面板材质为 316 或 306 不锈钢，侧板端部一般为圆形或方形，锁体固定方舌长 20～22mm（一次转动全部伸出或缩回，或分为两次转动完成），无须拆卸锁体就可在安装现场转换左右执手方向，开启次数大于 20 万次。欧式门锁在木门中应用较普遍。

8. 试述锁芯的结构种类及其质量划分。

锁芯的结构如图 3-2 所示，它由芯体、牙花弹子、拔销、弹簧弹子、锁芯外壳组成。锁芯的种类主要分为欧式锁芯和美式锁芯。欧式锁芯在国内应用较为普遍，它分为双面锁芯、单面锁芯和手轮锁芯。而美式锁芯主要用于高档的木门锁。

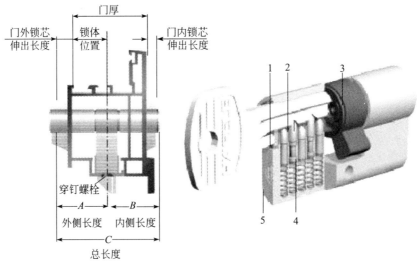

图 3-2　锁芯的结构
1—芯体；2—牙花弹子；3—拔销；4—弹簧弹子；5—锁芯外壳

目前，市场上欧式锁芯一般按弹子数量来划分，可将其分为三个等级，其划分依据一级和二级锁芯弹子数为5个，三级锁芯弹子数为6个。

9. 如何确定和选择门锁芯的长度？

锁芯长度合适与否，直接影响锁具的牢固和安全，锁芯的长度一般在40～130mm之间。锁芯长度的确定应从以下几个因素考虑：①门扇厚度；②锁体在门扇中的位置；③门外装饰盖厚度；④门内装饰盖厚度（图3-2中所示的外侧长度 A 和内侧长度 B，从锁芯穿钉的中心算起）。

确定锁芯长度时，一般要注意锁芯高出装饰盖3mm左右。

10. 试述执手的作用。

木门都有执手，执手就是启闭木门时的把手和锁孔，它的作用就是打开锁后，可直接完成开启、关启和移动木门。执手还起到装饰作用，按照材料可分为铜合金、不锈钢、铝合金、尼龙等，如图3-3所示。

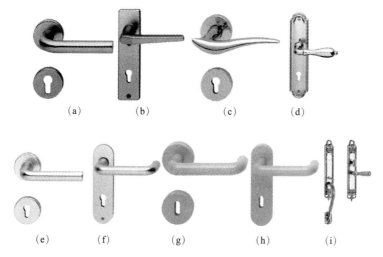

图3-3　执手

(a) 铜合金分体式执手；(b) 不锈钢联体式执手；(c) 铜合金分体式执手；
(d) 铜合金联体式执手；(e) 铝合金分体式执手；(f) 铝合金联体式执手；
(g) 尼龙分体式执手；(h) 尼龙联体式执手；(i) 美式门执手

11. 试述铰链的作用及分类。

铰链又称合页，将木门扇与门框连接在一起，也支撑门的重量，实现门的开启与关闭。它的种类众多，按照安装方式可分为平板式铰链、插入式铰链、隐藏式铰链和特殊式铰链。

12. 木门常用哪些铰链？各有什么特点？

木门常用的铰链如下。

（1）普通铰链，普通铰链又称普通合页，合页一边固定在木门框上，另一半固定木门扇上，如图3-4（a）、（b）所示，适用于普通的平开木门。

（2）轻型铰链（合页），它比普通铰链薄而窄，主要用于轻型的木门，如图3-4（c）所示。

（3）抽芯铰链（合页），合页轴芯（销子）可以抽出，抽出后门扇可取下，便于擦洗，如图3-4（d）所示。

（4）方铰链（合页），合页板比普通合页宽些、厚些，主要用于重量和尺寸较大的木门，如图3-4（e）所示。

（5）H形铰链（合页），属抽芯合页一种，其中松动的一半页可取下，主要用于需经常拆卸的门或纱门，如图3-4（f）所示。

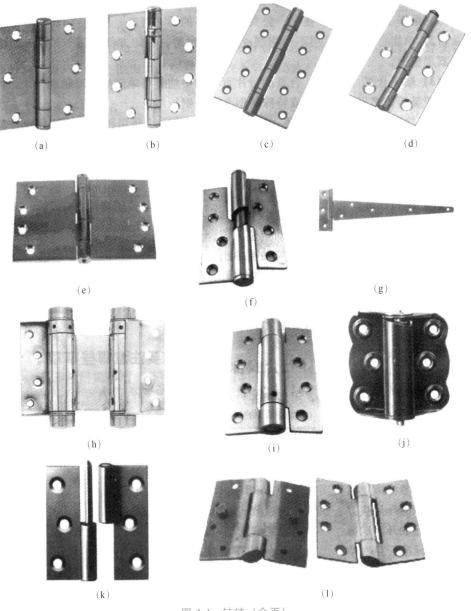

图 3-4　铰链（合页）

（a）、（b）普通铰链；（c）轻型铰链；（d）抽芯铰链；（e）方铰链；（f）H形铰链；
（g）T形铰链；（h）、（i）弹簧铰链；（j）纱门铰链；（k）单旗铰链；（l）防盗合页

（6）T形铰链（合页），适用于较宽的门扇，如工厂大门、仓库大门等，如图3-4（g）所示。

（7）弹簧铰链（合页），它可使门扇开启后，自动关闭单弹簧合页，只能单向开启，双

弹簧合页可以里外双向开启，如图3-4（h）、（i）所示，主要用于公共建筑物的大门。

（8）纱门铰链，可使门开启后自动关闭，只能单向开启，合页的销子可以抽出以便调换，如图3-4（j）所示。

（9）单旗铰链（合页），适用于防火门上，可拆卸门扇，如图3-4（k）所示。

（10）防盗合页，在合页页片上加装了防盗销的平板合页，从而提高合页的防盗性，如图3-4（l）。

13. 何谓木门定位器？常用的定位器有哪几类？

木门定位器就是使门不能自行关闭的五金件，用于木门的定位器有如下几类。

（1）脚踏定位器（门制）。脚踏定位器亦称脚踏门制，可使门扇停留在任何位置，使用方便，如图3-5所示。门制安装在门扇背面下角上。

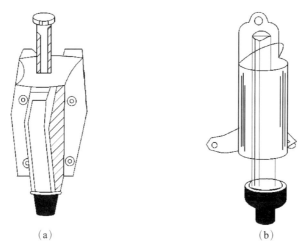

（a）   （b）

图 3-5　脚踏门制
（a）薄钢板门制；（b）铸钢合金门制

（2）门止。门止亦称门碰或门挡，用于固定开启的门扇，可使门扇停留在任何位置，通常安装在卫浴间与厨房间的门，如图3-6所示。

（3）磁力吸门器。利用磁性原理吸住开启的门，使之不能自行关闭，俗称门吸或门碰。安装时将吸盘座架安装在门扇下角，吸头座架安装在地面，也可装在墙上或踢脚板上，如图3-7所示。

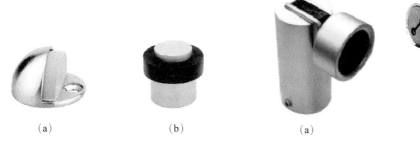

（a）　　　　　　　（b）　　　　　　　　　（a）　　　　　　　（b）

图 3-6　门止　　　　　　　　　　图 3-7　门吸
（a）半球形门止；（b）圆柱形门止　　　（a）地装式门吸；（b）墙装式门吸

（4）门钩。门钩用于开启的门扇，橡皮头用于缓冲门扇与门钩底座间的碰撞，分为横式和立式，横式门钩的底座装置安装在墙壁或踢脚板上，立式门钩的底座装置安装在靠近地板的墙壁上，如图 3-8 所示。

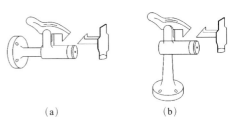

图 3-8　门钩
(a) 横式门钩；(b) 立式门钩

14. 试述闭门器的作用及工作原理。

闭门器的作用是实现对门在关门过程中的控制，保证门锁开启后，能准确、及时地回到初始位置，也就是说，实现自动关闭门扇的功能。它适用于不同材质的疏散门、防火门和有特殊使用要求的场所用门。其中防火门必须安装闭门器，利用它能及时关闭门扇，阻止发生火灾时火焰和烟雾扩散。

闭门器是门头上的一个类似弹簧的液压器，其工作原理是，当开门时，门扇带动连杆运动，并使传动齿轮转动，驱动齿条柱塞向右方移动，柱塞在右移的过程中弹簧受到压缩，右腔中的液压油也受压，柱塞左侧的单向阀球体在油压的作用下开启，右腔内的液压油经单向阀流到左腔中。因此，当开门过程完成后，弹簧在开启过程中受到压缩，所积蓄的弹性势能就将柱塞往左侧推，使传动齿轮和闭门器连杆转动，这样就将门关闭。

15. 闭门器执行何标准？我国关于闭门器的标准与欧洲、美国标准有何差异？

木门上使用的闭门器执行《闭门器》（QB/T 2698—2013）标准。

在标准中闭门器分为三个等级。

一级标准：开启次数不小于 100 万次。

二级标准：开启次数不小于 50 万次。

三级标准：开启次数不小于 20 万次。

美国国家标准 ANSI A156.4 中闭门器也分为以下三类，但其每一级标准比中国标准高一倍。

一级标准：开启次数不小于 200 万次。

二级标准：开启次数不小于 100 万次。

三级标准：开启次数不小于 50 万次。

在欧洲标准中对闭门器不分级，仅规定一个限值，即开启寿命指标不小于 50 万次。

16. 在木门上选用闭门器应考虑哪些因素？

在选用闭门器时，必须根据门扇的规格和门所处的环境特点来选用。在选用时应考虑如下因素。

（1）门宽与门重。在选择闭门器时应考虑门的宽度和重量，一般由合页承担门的重量，所以选用闭门器时，主要考虑门的宽度。

（2）合页。合页与闭门器间有直接关联的影响，若合页选用或安装不当，门扇会变形，致使门扇与地面或门框相碰，影响闭门器的效果，甚至使闭门器失去作用。除此之外，若合页规格选用的不当，致使合页旋转阻力大，导致闭门器关门力量不够，关不上门。

（3）风压影响。门内外存在压差（如外门、通风道、空调房），由于门在关闭时，风压大，所以在选用时应提高闭门器的力度等级，通常会增大 1～2 级。

17. 试述闭门器的种类及其特点。

闭门器的种类可分为明装式闭门器、暗藏式闭门器和门底闭门器（也称地弹簧）。其中，明装式闭门器主要有门弹弓、明装摇臂式闭门器和明装滑杆式闭门器。

（1）门弹弓。门弹弓是一种短期或临时性的自动闭门器，它应用在单向开启的轻便门扇上。它安装在门扇中部的自动闭门器，如图 3-9 所示。

（2）明装摇臂式闭门器。明装摇臂式闭门器如图 3-10 所示，其特点是闭门速度与闭锁段速度都可调，其安装在门扇的顶部。

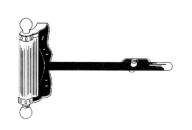

图 3-9　门弹弓

图 3-10　明装摇臂式闭门器

（3）明装滑杆式闭门器。明装滑杆式闭门器如图 3-11 所示，其特点是闭门速度和闭锁速度三段可调，还自带停门装置。

（4）顶装暗藏式闭门器。顶装暗藏式闭门器如图 3-12 所示，其特点是闭合力与闭合速度皆可调，通常安装在门扇的顶部。

图 3-11　明装滑杆式闭门器

图 3-12　顶装暗藏式闭门器

（5）侧装暗藏式闭门器。侧装暗藏式闭门器如图 3-13 所示，其特点是闭合力和闭门速度可调，通常安装在门扇的侧边。

（6）地弹簧。地弹簧如图 3-14 所示，其特点是当门扇向内或向外开启角度小于 90°时，能自动闭门，当门扇需要开而且不关闭，则可将门扇开启至 90°（保持不关闭）。它在使用过程中既平稳又无噪声，因此多用于宾馆房间、影剧院、商店等公共建筑中的木门。

图 3-13　侧装暗藏式闭门器

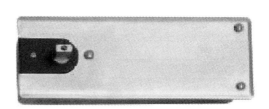

图 3-14　地弹簧

18. 如何选择闭门器？

闭门器选择时应考虑以下几点。

（1）闭门器使用的场合。

（2）使用的频率，即门开启与关闭的次数。

① 高使用频率：选用一级标准闭门器，一级标准闭门器常用于机场、车站、宾馆、商场、饭店、医院、会展等公共场合。

② 中使用频率：选用二级标准闭门器，二级标准闭门器常用于商务楼办公室、会议室、学校、俱乐部、会所等场合。

③ 低使用频率：选用三级标准闭门器，三级标准闭门器常用于机房、仓库等场合。

（3）门扇的宽度和重量。

（4）门的材质。

（5）门开启的角度（90°～180°）。

（6）安装方式。

（7）有无特殊要求，如定位、无定位、开门缓冲等。

19. 试述闭门器常用的术语。

（1）关门速度。闭门器在门扇从最大受控角度到完全关闭前10°左右之间的闭门速度。

（2）扣锁速度。闭门器在锁舌扣上之前的最后10°～20°到完全关闭之间的闭门速度。

（3）闭门力度。闭门器关闭一定宽度的门扇所需弹簧力，力度一般分为6级。闭门器闭门力度可分为固定力度与可调力度。

① 固定力度。只能根据门宽选择闭门器力度。弹簧固定力度可在现场调节，最多增大50%。

② 可调力度。可在现场调节闭门器的力度。安装人员可在现场根据实际门重调节至正确的力度。

20. 如何选择闭门力度的级别？

闭门器的闭门力度选择的正确与否直接影响门的闭合状态，因此在选择时必须考虑门的用途、宽度及厚度，在选择时可参考表3-1。若遇外门风压大时，选用外门的闭门器应比表3-1中规定的大1～2级。

表 3-1 闭门器力度分级

闭门器力度编号	内门		外门	
	门宽度/mm	门扇重/kg	门宽度/mm	门扇重/kg
1级	800	15～30	—	—
2级	900	25～45	900	25～45
3级	950	40～65	950	40～65
4级	1050	60～85	1050	60～85
5级	1200	85～120	1200	85～120
6级	1500	100～150	1500	100～150

21. 推拉门五金件有哪些?

推拉门有平移推拉门和折叠推拉门,因此五金件是保证门横向平稳移动的关键部件。平移推拉门的五金件主要包括滚轮装置、定位装置、门底导向块和滑轨。折叠推拉门的五金件主要有吊轮、边门五金门、扇支撑连接片、定位装置、底轨导向片和滑轨。

22. 木门还有哪些五金件?

木门除了上述主要五金件外,还有插销、防盗链扣、门镜等五金件。

(1)插销。插销是一种防止门打开的既安全又简单的部件,其一般是金属的,通常分两部分,一部分带有可移动的杆,一部分是一个"鼻儿"。安装时,带杆的部件装在门扇上,鼻儿固定在门框上,二者处于同一平面和直线。插销的作用与门锁相同,但锁在门外,插销在门内。

木制门中常用插销分为钢插销与暗插销,如图 3-15 和图 3-16 所示,暗插销是装在双扇门侧面,能保持门外表平整,主要用于固定双扇门其中一扇门的作用。防尘筒安装于地面与暗插销配合使用。

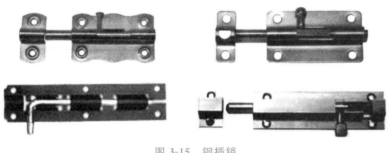

图 3-15　钢插销

图 3-16　暗插销

(2)防盗链扣。防盗链扣分为明装式与暗藏式两种,适用于酒店、宾馆,安装在门内靠近门锁处,具有防盗作用,如图 3-17 所示。

(3)门镜。门镜又称"猫眼",因为光线通过它折射后,在远处看上去是闪光的样子,很类似波斯猫眼睛晚上发出的光,所以又被称为"猫眼"。门镜装在住宅门上,从室内通过门镜向外看,视角约120°,而从门外无法通过门镜看到室内的任何东西。若在公房、私寓等处的大门上装此装置,对防盗和安全均能发挥一定的作用。通常安装在门扇高度 1500mm 左右的位置,宽度在门扇居中的位置。

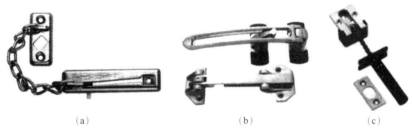

（a）　　　　　　　　　　（b）　　　　　　　　　　（c）

图 3-17　防盗链扣

（a）防盗链；（b）明装式防盗扣；（c）暗藏式防盗扣

23. 何谓顺拉器？

对单向开的双扇门，如果有密封压口，就应该将一扇门先关，然后再关另一扇门。在遇火灾时，如果两扇门同时关闭会发生夹在一起的现象。顺拉器就能克服此现象，按一前一后的顺序关门，即先关一扇再关另一扇。所以过道安装的防火门必须配套使用顺拉器，如图 3-18 所示。

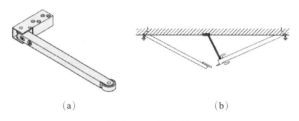

（a）　　　　　　　　　　　　　　（b）

图 3-18　顺拉器

（a）顺拉器外形图；（b）顺拉器安装示意图

24. 试述密封条与门底密闭器的作用。

密封条与门底密封器在木门上起着关键的作用，最主要的作用是防振、隔声；其次是隔绝室内外空气流通，保温，而且还防止蚊子、小虫等飞入室内。

密封条主要是由具有良好弹性和抗压缩变形性能、耐老化的三元乙丙橡胶发泡或密实复合而成的材料组成的。

门底密闭器（图 3-19）可以自动密封门底的缝隙，又不摩擦地面。当门关闭时，胶条会自动下落封住门底的缝；当门开启时，胶条又会自动弹起，不影响开关门。

图 3-19　门底密闭器

第二节　玻璃

25. 试述玻璃在木门中的作用及特点。

玻璃在木门上的作用是透光、挡风、保温和装饰。其特点是：原料丰富，砂子就是制作玻璃的主要原料，价格便宜，无污染，经久耐用。但是玻璃用于不同场合的木门时，对其性能有不同要求。大部分木门上的玻璃要求既透光又透明；有些木门的玻璃却需要透光、不透明，如卫浴间；又有些木门上安的玻璃需要透光、半透明，如客厅、隔断门。这些特殊要求，从工艺上都可达到。

26. 木门中使用的玻璃如何分类？

木门上安的玻璃品种甚多，分类方法也不同。按玻璃的颜色可分为白色玻璃和染色玻璃；按玻璃的生产方法可分平板玻璃和浮法玻璃；按玻璃的花纹又可分为压花玻璃、磨砂玻璃、雕花玻璃、乳花玻璃、彩涂玻璃等；按玻璃性能又可以分为钢化玻璃、夹层玻璃、夹丝玻璃、中空玻璃等。

27. 试述平板玻璃的特点及其分类。

木门常用的玻璃为平板玻璃，具有表面光洁、透光、隔声、耐磨、材质稳定等优点，因此，它既能满足采光要求，又能保温、隔热，而且又有艺术装饰等特性，所以在木门中应用广泛。

木门中用的平板玻璃，可分为净片玻璃、装饰玻璃、安全玻璃（防辐射、防电磁波）、装饰性玻璃等。

平板玻璃用于木门时，有以下几种规格：5～6mm 玻璃主要用于小面积门扇；7～9mm 玻璃用于室内大面积木门的造型中；11～12mm 玻璃用于弹簧玻璃木门。3～4mm 玻璃和 7～9mm 玻璃是木门中常用的玻璃规格，而其中 3～4mm 规格的玻璃主要用于画框表面。

28. 试述净片玻璃的特性。

净片玻璃具有良好的透光性能，对太阳光中红外热射线的透光率较高，有效阻挡可见光折射到室内墙、地面、织物而反射产生的远红外长波热射线，故可产生明显的暖房效应。它既隔声又有一定的保温作用，但长期遭受侵蚀性介质的作用时也会变质，如玻璃的风化和发霉都会导致透光性能差，而且热稳定性差，急冷急热都易发生炸裂。

29. 试述装饰玻璃的特性。

装饰玻璃用于木门有如下几类，其特点如下。
（1）彩色平板玻璃色彩艳丽，可以拼成各种图案，且耐腐蚀、易清洗，但透光性差。
（2）釉面玻璃具有良好的化学稳定性和装饰性。
（3）压花玻璃、喷花玻璃、乳花玻璃、刻花玻璃、冰花玻璃等玻璃都是由不同的工艺制作而成，色彩不同，是具有欣赏性和装饰性的玻璃，而且光泽效果好。

30. 何谓安全玻璃？它具有哪些种类和特点？

普通玻璃的最大弱点是不耐冲击，而安全玻璃机械强度高，耐冲击，热稳定性好。受强烈冲击后碎片不会四处飞溅的玻璃称作安全玻璃，在木门中常用的安全玻璃有以下几类。
（1）钢化玻璃。机械强度高，弹性好，热稳定性好。破碎时，呈无尖角的颗粒状，不伤人。
（2）夹丝玻璃。受冲击或温度骤变时虽会破碎，但其碎片不会飞散。
（3）夹层玻璃。透明度好、抗冲击、耐久、耐热、耐寒。

31. 试述节能装饰性玻璃的种类及其特性。

应用在木门中的节能装饰性玻璃有着色玻璃、镀膜玻璃、中空玻璃。

（1）着色玻璃，可以有效吸收太阳辐射热，达到蔽热、节能的效果。吸收较多可见光，使透过的光线柔和；较强吸收紫外线，可防止紫外线对室内造成影响，增加室外建筑物的美观度。

（2）镀膜玻璃，保温隔热性能好，但是反射的光会对环境产生光污染。

（3）中空玻璃，光学性能、保温隔热性能、隔声效果好。

32. 平板玻璃与浮法玻璃有什么不同？

平板玻璃从正面看时，玻璃很平整，从侧面看时，便可看出玻璃的波纹，而且还会有气泡或其他杂质。而浮法玻璃就不会有这些缺陷，浮法玻璃两面平整度好，无论从任何角度看都不会出现波纹，而且粗糙度比平板好，但价格比平板玻璃贵。

33. 何谓压花玻璃？试述其特点。

压花玻璃又称花纹玻璃，这种玻璃的花纹具有立体的凹凸感。花纹仅在一面，另一面是平的，由于立体的凹凸纹存在，使光线不能按直线通过，因而也起到阻挡视线的作用。其花纹种类繁多，具有良好的装饰效果。

34. 何谓钢化玻璃？试述其特点。

钢化玻璃亦称强化玻璃，钢化玻璃一般是采用将玻璃板加热到一定温度后迅速冷却的方法制成。钢化玻璃耐热性好、冲击强度高，当玻璃破碎时，呈无尖角的颗粒状，不会扎伤人，适合木门使用，尤其适合大块玻璃木门使用。但钢化玻璃不能切割，必须按尺寸定制加工。

35. 何谓夹丝玻璃？试述其特点。

夹丝玻璃是将平板玻璃加热到红热使其软化，再将预热的铁丝（铁丝网）压入玻璃。钢化玻璃与夹丝玻璃破碎时都不会出现尖角碎片，不易伤人、伤物。而夹丝玻璃更具有防火与防振性。

第四章

木门采用的胶黏剂与涂料

第一节 胶黏剂

1. 何谓胶黏剂？胶黏剂在木门中的作用是什么？

胶黏剂是将两类物件的表面胶黏、结成一个整体的材料，也就是说胶黏剂是一类单组成分或多组成分。胶黏剂具有优良的黏结性能，在一定条件下能使被粘接材料，通过表面黏附作用紧密地胶合在一起的物质。

胶黏剂在木门生产加工过程中，是一种很重要的材料：①除了实木门以外，其他种类的木门，都在表面采用胶黏剂覆贴不同材质的表面装饰材料（如天然薄木、人造薄木、装饰纸等材料）后才能显现出木门的典雅、庄重、美观。②木门采用的基材——人造板也都经过施胶热压或冷压后才制成人造板。③门扇、门框零部件组装与封闭时也要采用胶黏剂。所以胶黏剂是木门生产中重要的辅料。

2. 选择木门胶黏剂时应注意哪些方面？

市场上木门胶黏剂的种类很多，其性能差异也很大，每一种胶黏剂都有特定的工艺条件。只有在合理选择与合理使用的情况下，才能最大限度地发挥胶黏剂的优良性能。因此，选择木门胶黏剂时应考虑以下几方面。

（1）胶黏剂特性，指使用方法、调制方法、固化条件、耐水性、耐久性与可操作性等工艺性能。

（2）胶合材料性能，无论是被胶合材料的性能是木材之间胶合，还是木材与塑料或与纸等其他材料间的胶合，要采用不同的胶黏剂。

（3）胶合材料的使用条件，根据胶合材料在使用过程中所承受载荷的大小、载荷的性质、室内还是室外等使用条件的不同而采用不同性能的胶黏剂。

（4）生产规模和施工条件，如：小批量生产还是大批生产，在车间内施工还是现场施工等条件选择。

（5）生产成本及其他条件，根据胶合构件本身价值、胶黏剂的价格和胶合操作等综合因素来选择不同性能的胶黏剂。

3. 实木拼板与门扇、门框贴面各采用哪种胶黏剂？

（1）在木门的生产过程中，门扇内芯将在实木拼板时常采用水基型聚醋酸乙烯酯（俗称白乳胶或乳白胶）或水基型聚异氰酸酯乳液。

（2）门扇及门框贴面常用木单板、防火板等厚板或厚膜，或采用 PVC 等膜材料，这两种表面材料因材质不同所用的胶黏剂也不同。

① 木单板、防火板等材料覆贴可采用以下胶黏剂：a.水基型聚醋酸乙烯酯（白乳胶）；b.水基型脲醛树脂；c.水基型改性三聚氰胺树脂；d.无水双组分聚氨酯树脂（2CPU）。

② PVC、PP 等低耐温性薄膜覆贴采用的胶黏剂如下：a.溶剂型聚氨酯（PU）树脂；b.溶剂型缩聚树脂；c.热熔剂型活性聚氨酯（PUR）树脂。

4. 门扇与门框封边包覆采用哪些胶黏剂？部件组装、门框及装饰线条表面包覆分别采用哪些胶黏剂？

门扇与门框封边时采用的胶黏剂有：热熔型活性聚氨酯（PUR）树脂、热熔型聚烯烃树脂、热熔型乙烯-乙烯乙酸共聚物树脂，简称 EVA 树脂。

部件组装采用的胶黏剂有：乳白胶、热熔型活性聚氨酯树脂、氰基丙烯酸盐胶黏剂、无水液体活性聚氨酯树脂。

门框及装饰线条表面包覆采用的胶黏剂有：热熔型活性聚氨酯、热熔性聚烯烃树脂、溶剂型聚氨酯树脂、溶剂型缩聚树脂。

5. 木材含水率对胶结强度有何影响？其最佳值是多少？

在粘贴表面装饰材料时，门扇或门框基材的含水率过高或过低都会影响胶合强度和牢固性。若含水率过高，会使胶液浓度降低，过分地渗透到木材中，使胶合面缺胶，同时在胶合过程中，还容易产生鼓泡，胶合后木材收缩产生翘曲、开裂等现象，影响胶合强度。反之，如果木材含水率过低，即过分干燥，使木材表面极性物质减少，降低了胶液的湿润程度，也会使胶合强度降低。木材含水率在 5％～10％之间时，胶合强度最高；超过 20％时，胶合强度急剧下降。通常应将木材含水率控制在 8％～10％。

6. 试述木材构造对胶合强度的影响。

木材材种不同，其密度、木材结构也就不同，胶合强度也就不同。

（1）木材树种不同对胶合强度的影响。

木材的树种不同，其材质和密度也就不同，密度值小的木材，自身的强度也低，显示不出超过自身强度的胶合力。材种不同、木材结构不同，其中导管粗大的木材，容易产生缺胶现象，这是因为胶过多渗透到导管中，所以较难形成连续的胶层，或因胶层厚薄不匀，而使胶层的内聚力减小，从而导致胶合强度降低。

（2）木材纤维方向的影响。

木材是各向异性的材料，胶合表面的木材纤维方向不同，胶合强度也不同，两块木材平面胶合比端面胶合的胶合强度大。因为平面胶合时，两块胶合材料的纤维方向是平行的。若两块材料的纤维方向互相垂直时，胶合强度就比平行纤维方向的胶合强度低。对于旋切单板，正面与正面胶合时胶合强度就高于正面与背面的胶合强度。

7. 试述胶黏剂的酸碱度对胶合强度的影响，酸碱度为何值最佳？

无论木材与何材料粘接时，胶黏剂的酸碱度会直接影响胶层性能和胶合强度。

酸碱性也就是指胶黏剂的 pH 值，强酸或强碱都会影响木材胶黏剂的胶合强度，使其性能下降。当胶黏剂的 pH 值在 3.5 以下时，会加速胶层老化，使胶合强度降低，影响胶合件的使用寿命；pH 值过高时会造成胶层固化不完全。通常木材胶合用的胶黏剂的 pH 值在 4～5 之间时胶合性能最佳。

8. 试述胶黏剂在操作中涂胶量的值对胶合质量的影响。

胶黏剂在木材表面涂胶时，其表面涂胶量多少，直接影响胶合质量，其胶量又与胶黏剂的种类、浓度、黏度、胶合表面粗糙度及胶合方法有关。若涂胶量过大，胶层过厚，胶合强度反而低；涂胶量过小，则不能形成连续胶层，胶合又不牢。通常是合成树脂胶涂胶量小于蛋白质胶，如脲醛树脂胶涂胶量为 $120g/m^2$，而蛋白质胶为 $160\sim200g/m^2$。木材疏松、孔隙大的材种和表面粗糙的材料涂胶量大于孔隙小的和表面光滑的材料，冷压比热压涂胶量大，方材接长胶接时比平面间胶合时的涂胶量大。

9. 为什么涂胶后的薄木或其他材料必须要放置一定时间后才施压胶合？

薄木或其他材料涂胶后须放置一段时间，此段放置的时间称"陈放"。陈放是为了使胶液充分润湿表面，使其在自由状态下收缩，减少内应力。

陈放期过短，胶液未渗入木材；若陈放期过长时，超过了乳状液的活性期，乳状液就会失去流动性，不能产生胶合作用。

涂胶后的薄膜（木材）可采用两种方法陈放，一种方法是开放陈放，即将涂胶的薄膜放置一边，使胶液稠化；另一种方法是闭合陈放，把涂胶的板坯表面叠在一起，不加压放置，此时乳状液稠化慢。高温可缩短陈放时间，合成树脂在常温下陈放时间一般不超过 30min。薄膜粘贴时，为了防止透胶，采用开放陈放，使乳胶液在此期间大量渗入基材表面，可减少渗入薄木表面的胶液量。若使用氯丁胶等橡胶类胶黏剂时，则需开放陈放，使溶剂完全挥发后才能闭合加压。

第二节　木门涂饰基础知识

10. 何谓涂料？

涂料是指在木门表面能形成具有保护、装饰或特殊性能的固态涂膜的液体或固体材料。早期涂料大多以植物油为主，故人们称其为油漆。随着科技发展，合成树脂逐渐取代植物油，因此统称为涂料。

涂料涂于木门表面后，会在木门表面形成一层薄膜，该薄膜将使木门表面具有一定的质感和光泽，使门的表面更鲜亮，同时也使木门耐水性、耐化学药品性等性能提高，从而提高了木门的使用寿命，也提高了木门的装饰性。

11. 试述涂料的组成。

涂料是涂于木门表面的，所以它是液体状态，它是由固体分和挥发分组成。将液体涂料涂于木门表面形成薄膜时，涂料中的一部分将变成蒸气挥发到空气中，这一部分称为挥发分，其成分是溶剂。其余不挥发的部分留在表面干结成膜，这种成分就称为固体分，也就是它转变成固体漆膜的部分，固体分一般包括成膜物质、着色材料、辅助材料三大部分。

（1）成膜物质。成膜物质是液体涂料中决定漆膜性能的主要成分，也可称为主要成膜物质，是涂于木门表面能干结成一层致密、连续的固体薄膜（也称漆膜），它的主要原料是油脂和各种树脂，有些涂料全部采用合成树脂。

（2）着色材料。它是涂料的次要成分，主要包括颜料和染料，用于填孔、腻子等着色材料。

（3）辅助材料。它不能单独形成涂膜，当涂膜成膜后，可作为涂膜中的一个组分而在涂膜中存在，但能显著改善涂料或漆膜中某一项特定方面性能，所以将其称为辅助材料。不同品种的涂料，采用不同的辅助材料，辅助材料种类有催干剂、增塑剂、固化剂、防腐剂、流平剂、消泡剂等。

12. 木门常用涂料有哪几类?

木门中常用的涂料，主要有硝基漆（NC），俗称硝基蜡克；聚氨酯树脂漆（PU），即聚氨基甲酸酯漆；不饱和聚酯漆（PE）；光敏漆（UV），也称光固化涂料或紫外线光固化涂料；酚醛树脂漆；醇酸树脂漆，其分为醇酸清漆和醇酸磁漆、水性漆等。

13. 涂料的分类与涂饰方法有哪几种?

目前，木门常用的涂饰可按漆膜的透明度、表面光泽度及基材填孔状况进行分类。

涂料涂刷于木门的方法有手工涂饰与机械涂刷两种方法。手工涂饰是用各种工具（刷子、棉球、刮刀等），将涂料涂饰于木门表面，这种方法是最传统的方法，操作简便，灵活方便，能在各种形状上进行涂饰，但劳动强度大，生产率低。常用的手工涂饰方法有刷涂、擦涂和刮涂。机械涂刷方法一般指空气喷涂，其中有：①空气喷涂、无气喷涂（也称高压无气喷涂）、静电喷涂；②淋涂；③辊涂。

14. 如何按漆膜的透明度进行分类?

按漆膜的透明度可将漆分为透明、半透明和不透明涂饰三类。

透明涂饰是指完全使用透明涂饰材料，如透明清漆、透明着色剂。涂饰木门，在表面将形成透明漆膜，保留并显现木材表面的真实质感，该类涂饰通常用于实木门或实木贴面的木门。

不透明涂饰是用含颜料的不透明色漆涂饰木门，形成不透明、彩色艳丽或黑白漆膜。该类涂饰的特点是用颜色遮盖了被涂饰木门的表面，它常用于材质花纹美观性较差的实木表面或未贴装饰的人造板表面。

半透明涂饰介于两者之间。

15. 何谓亚光漆? 具有何特点?

亚光漆是相对亮光漆而言的。亚光漆的漆膜基本没有光泽，或只有微弱的近似蛋壳的光泽，这种漆被称为亚光漆。它的成膜材料与亮光漆相同，只是加入了专门的消光剂，制成不同消光程度的亚光漆，也可以这样说，大多数亮光漆均有相应的亚光漆品种。

它的特点是手感细腻，具有质感，漆膜表面无强烈刺眼的光泽，光泽柔和，使室内环境令人感到舒适宁静，独具风格。亚光漆漆膜干燥后和亮光漆一样具有耐水、耐热、耐酸碱的良好性能，但是与亮光漆相比，漆膜强度低于亮光漆。

16. 用于木门涂料应具有哪些性能?

随着人们生活水平的提高，人们对现代木门表面的装饰、保护涂膜的质量要求越来越高，为了优选、方便使用，获得优质的涂料，在选购时必须了解液体涂料具备的如下性能。

（1）颜色与外观。清漆的颜色要求清澈、透明，颜色越浅越好，没有机械杂质和沉淀物。

色漆的颜色应均匀、纯正，同一批涂料颜色应一致，目视观察或用色差仪检测应符合指定的标准样板的色差范围。

（2）细度。涂料细度表示色漆或漆浆内颜料颗粒的大小或分散的均匀度，以微米（μm）来表示，用刮板细度计来测定。

各类涂料的细度范围有所区别，一般室内装饰性要求高的木门，漆膜细度小，而底漆、亚光漆及装饰性不高的漆膜，细度可大些。

（3）相对密度。相对密度是指单位容积的质量，根据涂料的相对密度可确定桶装涂饰单位容积质量。相对密度可采用比重计测定。

（4）结皮性。某些涂料，如油性漆，在密闭桶内贮存时便开始结皮（漆皮表层一层硬皮），在开桶后的使用过程中会更快结皮。高质量的涂料，在包装之前，在漆液表面漆加少量抗结剂，这样在桶内贮存的漆没有严重结皮现象。

（5）贮存稳定性。贮存稳定性是指在一定贮存期限内涂料不发生变化，不影响使用性能。一般生产厂应在产品技术上注明贮存期。超过规定贮存期的涂料，若按产品技术条件所规定的项目进行检测，其测试结果能符合要求时，可允许继续使用，否则应视为报废产品。

17. 何谓硝基漆？有哪些性能特点？

硝基漆又称硝酸纤维素漆，其是以硝化棉为主要成膜物质的一类涂料。不含颜料，透明的品种称为硝基清漆，含颜料的不透明品种称为硝基磁漆、硝基底漆、硝基腻子等。

硝基漆是以硝化棉为主体，加入合成树脂、增塑剂、溶剂与稀释剂即构成硝基清漆，其中硝化棉与合成树脂作为成膜物质，增塑剂可提高漆膜的柔韧性和附着力。上述成分组成硝基漆的不挥发成分，其仅占硝基漆的 10%～30%，漆中溶剂与稀释剂用于溶解硝化棉与合成树脂，占漆的 70%～90%，是挥发成分。硝基漆属挥发型漆，它的性能特点是：

① 干燥快，涂于表面的硝基漆在涂层溶剂完全挥发的同时，涂膜已干燥。一般喷涂一遍，在常温下十几分钟就已表干，几十分钟已达实干。

② 装饰性好，硝基清漆颜色浅，可用于浅色实木门或薄木贴面，其透明度高，可使木材花纹清楚显现，打磨、抛光性好，故可获得很高的光泽度，且平滑细腻。

③ 具有一定保护性，且漆膜坚硬、耐磨，具有较高的机械性能，但有时硬脆易裂。

④ 固体含量低，要多遍涂饰才能达到一定厚度，而且操作中会挥发大量有害气体。

18. 何谓聚氨酯树脂漆？其性能特点有哪些？

聚氨酯树脂漆（polyurethane），缩写为 PU，是聚氨基甲酸酯漆的简称，是以聚氨酯树脂成为膜物质的涂料，它是由多异氰酸酯和多羟基化合物反应生成。

聚氨酯树脂漆根据涂料形态可分为两大类，即单组分与双组分。其中双组分漆应用较多，一组是含羟基，另一组是含异氰酸基，平时分别装于两个桶中，临时使用前按技术要求比例混合均匀。该漆是目前我国木门行业普遍使用的涂料，它已自成一系列，包含有 PU 底漆、饰面漆、封闭漆。

（1）该漆具有良好的物理机械性能：①坚硬耐磨，耐磨性几乎是各类漆中最突出的；②耐热、耐寒，涂漆制品能在零下 40℃到零上 120℃条件下使用；③具有良好的附着力，不受木材内含物的影响，因此更适用于作木门的封闭漆与底漆。

（2）漆膜平滑光亮、丰满，具有很高装饰性，因此广泛用作中、高档木门涂饰。

（3）该漆固体含量高，比硝基漆高 2～3 倍，因而涂饰工艺简化及成本比硝基漆低。

19. 何谓 PET 漆？其性能特点有哪些？

PET 漆是聚酯树脂漆，是以聚酯树脂作为主要成膜物质的一种液体涂料，聚酯树脂有两大类型。它属于三组分分装涂料，在 20 世纪 60 年代就已经在木制品行业应用，目前也被广泛应用于木门行业中，如高档木门涂饰。

PET 漆是独具特点的高级涂料，涂料中交联单体苯乙烯兼有溶剂与成膜物质的双重成分，使聚酯漆成为无溶剂型漆，成膜时没有溶剂挥发，漆的成分全部形成膜，因此涂刷一遍就可以形成较厚的涂膜。这样就可减少施工涂层数。

该漆性能特点是：①漆膜外观丰满、厚实，具有很高的光泽与透明度，清漆色浅、漆膜保光保色，装饰性强。②具有良好的物理性能，漆膜坚硬，耐磨、耐水、耐湿热、耐干热、耐酸和绝缘性好。③施工中无有害气体挥发，对环境污染小。

20. 何谓 UV 光固化漆？其性能特点有哪些？

UV 光固化漆也称光敏漆、紫外线固化涂料或 UV 涂料。其涂层必须经过一定波长的紫外线照射才能固化，因此被称为光敏漆。UV 光固化漆属于不饱和树脂漆，主要成分有反应性预聚物（光敏树脂）、活性稀释剂与光敏剂（另外根据使用需要可加入其他辅助材料，如流平剂、颜料、促进剂等）。活性稀释剂的作用是降低涂料黏度，便于涂饰。光敏树脂有不饱和聚酯、丙烯酸聚氨酯、丙烯酸环氧酯，其中丙烯酸环氧酯硬度大、光泽好、易抛光，丙烯酸聚氨酯附着力好。

UV 涂料的性能特点是：①它是一种无溶剂型漆，低毒，可以减少有害气体的污染，不会危害操作人员身体健康，对环境污染较小。②漆层干燥迅速，其涂层经过紫外线的照射，可以在几分钟内（3～5min），甚至几十秒内，快速固化成膜，使工期大大缩短，提高生产率，有利于实现机械化自动化连续流水线作业。③该漆膜坚韧、丰满、厚实，硬度较高，其综合性能较好。常用于门扇等的罩面涂料。④光敏漆不适宜复杂形状的木门零部件涂饰。因为紫外线无法照射复杂的部件，无法干燥结膜。⑤该漆价格较贵，但是其漆膜较薄，固化完全，省工、省时、省料，在一定程度上弥补了涂料成本带来的问题。

21. 简述酚醛树脂漆的性能特点。

酚醛树脂漆是以酚醛树脂或改性酚醛树脂作为主要成膜物质的一种液体涂料，因此它仍属于油基漆。当改性酚醛树脂含量占树脂的 50% 以上，属于酚醛树脂漆；当改性酚醛树脂含量占树脂总量 50% 以下，则属于酯胶漆。

该漆是一种价格低廉的涂料，涂饰方便，刷涂性能好，漆膜柔韧，光泽度较高，漆膜附着力强，绝缘性好，漆膜耐磨性、耐久性较好，但是色彩较深，漆膜质脆，容易产生泛黄，且漆液中含有大量植物油，涂层干燥较慢，容易黏附灰尘，不能抛光，其综合性能不如硝基漆，通常用于普通木门涂饰。

22. 简述醇酸树脂漆的性能特点。

醇酸树脂漆以醇酸树脂或改性醇酸树脂为主要成膜物质，还包括干性油、不干性油等成分，虽然醇酸树脂漆不属于油基漆，但是大多数漆没有脱离通过植物油进行改性的实质，醇酸树脂漆改性所用的油量，对于漆膜的性能影响很大。按含油量不同，醇酸树脂漆可分为短油度、中油度、长油度三种类型，其中中油度醇酸树脂漆用于室内，长油度醇酸树脂漆用于室外。

木门涂饰中应用较多是醇酸清漆和醇酸磁漆，醇酸清漆一般是在醇酸树脂中加入适量溶剂（松香水、松节油和苯类）与催干剂制成，醇酸磁漆是在清漆组成成分的基础上加入着色颜料与体质颜料。

该类清漆的性能特点是：①色彩较浅，可以充分显现木材的天然色彩和纹理，涂层丰满厚实，光泽较高，保光性好，不易泛黄。②漆膜附着力强，耐久、耐磨、耐气候性好。③耐弱酸碱性仅次于酚醛清漆。④涂膜质较软，涂布量为 $40\sim60\mathrm{g/m^2}$。鉴于上述特点，该漆常用于普通与中档门罩面涂料。

23. 何谓水性漆？其性能特点有哪些？

水性漆是指成膜物质溶于水或分散在水中的漆。不同于一般溶剂型漆，水性漆是以水作为主要挥发分的涂料。

目前，常用的水性漆主要有水溶性漆和乳胶漆两种。能均匀溶解于水中成为胶体溶液的树脂称为水性树脂，用于制造水溶性漆；以细微的树脂粒子团分散在水中成为乳液的称为乳胶，由它制成的漆称为乳胶漆。

其性能特点是：

（1）用水作溶剂与稀释，价廉易得，净化容易，代替了有机溶剂，节省了资源。

（2）水性漆无毒、无味，施工中不挥发有害气体，不污染环境，施工卫生条件好，贮存、运输与使用中无火灾与爆炸危险。

（3）施工方便，可刷涂，喷器可用水清洗。

（4）水性漆也有不足之处，其耐水性、光泽度不及同类溶剂型漆。

24. 在涂饰过程中应了解涂料的哪几项参数？

涂料在涂饰木门时，为保证涂饰的质量与生产率，在施工中要了解如下几项参数值（也称为施工性能）。

（1）黏度。黏度是指液体涂料内部分子之间相互作用，从而产生阻碍其相对运动能力的一种量度，通常用 s 来表示，如果涂料流得快、黏度小，就会在涂饰过程中出现流挂，如果黏度过大，在涂饰中容易在漆面出现刷痕，所以根据不同品种涂料，选择合适的黏度值。

（2）流平性。流平性是指将涂料涂饰于木门表面，经过一段时间后，观察涂层自动流展的平滑程度。在实际生产中通过样板观察，一般不超过 10min 为良好，10～15min 为合格，15min 以上则为不合格。

（3）砂磨性。用研磨材料砂磨涂膜表面，使其平整光滑。通过样板观察，合格的漆膜表面不能出现过软、过硬、发热与局部破坏。

（4）使用量。使用量就是在正常涂饰条件下，所需要的涂料数量，涂饰单位面积通常用 $\mathrm{g/cm^2}$ 表示。

（5）遮盖力。遮盖力是指色漆涂料涂布于木门表面形成均匀涂层后，木门表面底色的遮盖程度。

（6）干燥时间。涂料从液体流动状态转变成固体漆膜的物理化学过程称为干燥时间，干燥时间将直接影响涂饰生产率、施工周期及占地面积。因此，木门漆饰的过程，干燥时间越短越好。

25. 何谓附着力？影响木门涂膜附着性能的因素有哪些？

附着力是指涂膜与被涂物表面之间或不同涂层之间相互黏结的能力，是考核涂料本身和施工质量的一项重要技术指标。若涂膜附着力差，容易开裂、脱落，将导致木门无法使用。一般涂膜较软的油性漆优于较硬的树脂漆。

影响涂膜附着力的因素众多，包括涂料种类、成膜物质硬度、涂饰时对基材的润湿程度与所含极性、基团数量、涂饰工艺、被涂饰表面的材性等，因此为保证漆膜附着力，在涂饰时，木门材料的含水率必须小于15％，最佳为12％；涂饰时必须将表面擦拭干净，不能留有余灰；需多遍涂饰涂料时，宜采用表层干后接着涂的"湿碰湿"工艺；选择异类复合涂层时，需注意底漆与面漆配套性。

26. 何谓"湿碰湿"工艺？哪些涂料品种采用"湿碰湿"工艺？

在涂饰工艺中，需要采用聚合型涂料时，并需连续涂饰多遍涂料时，应选用同一类的涂料。为使每层漆膜都达到良好的附着力，在施工时，在上一道的涂层未全干时（即表面干燥，而里面还未干的情况下）进行再一次涂饰，该种工艺被称为"湿碰湿"工艺。如聚氨酯漆（即PU漆），在涂饰时不宜一次涂厚，可多次薄涂，否则易产生气泡与针孔。双组分聚氨酯漆就采用"湿碰湿"工艺，即表层干、里层不干，第一遍涂饰至表面干（常温干燥约需40～50min）后涂刷第二遍为宜。若两遍之间时间过长，漆面过干，再涂刷下一道漆面，则层间交联差，影响附着力。

27. 何谓涂料固体分含量？选择涂料时，是否所有涂料都应选择固体分含量高的？

涂料固体分含量是指液体涂料中能留下来干结成膜的不挥发分，也就是该类液体涂料中的质量比例即为固体分含量，常用百分比表示。其可用下式表示：

$$S = \frac{m}{M} \times 100\%$$

式中　S——固体分含量，％；

m——固体分质量，g；

M——液体涂料质量，g。

通常液体涂料中固体分含量越高越好，固体分含量高的涂料，在涂刷时所需涂刷的遍数少，其挥发性溶剂也相对少，施工时挥发的有害气体也少，例如光敏漆固体分含量为95％，其他PU、PE漆固体分含量均为50％左右，都高于硝基漆。但是作封闭底漆时，其固体分含量过高，涂料将不能渗入木材内部，所以选封闭底漆时，应选择固体分含量仅5％～10％的漆。

28. 木门采用喷涂饰时，有几种方法？各有何特点？

木门采用喷涂饰时有三种方法，即静电喷涂、空气喷涂、无气喷涂。

（1）静电喷涂。静电喷涂就是利用电晕放电现象。当喷具与被涂木门零部件接上直流高压时，喷具喷出涂料在电场力作用下被吸附在木门零部件表面上形成涂层。

该类喷涂的优点是：①涂料损失少；②涂饰质量好且稳定；③能实现自动化涂饰。缺点是：①对涂料和溶剂有一定要求；②涂饰形状复杂的木门零部件（如凹凸面），难以喷涂均匀。

（2）空气喷涂。空气喷涂法就是利用压缩空气气流将涂料雾化，射向木门零部件表面，形成连续、完整的漆膜。该法应用广泛。

优点是：①可用于大面积的部件斜面、曲面。凹凸不平的表面也可涂饰。②漆膜均匀平滑、质量好。③生产效率高。缺点是：①不适宜高黏度的涂料。②涂料损耗大。③空气中的杂质会影响涂饰质量。

（3）无气喷涂。无气喷涂也称高压无气喷涂，是用高压漆泵直接给涂料加压，经软管送入喷枪，喷枪以极细的微粒将漆喷到制品表面。

该法的优点是：①涂装效率高。②涂料利用率高漆雾损失小。③对涂料黏度范围适应广，对黏度较高涂料，一次喷涂就能获得较厚的漆膜，减少了喷涂次数。缺点是：涂膜表面手感和装饰性差于空气喷涂法。因此，该方法一般只能来喷底漆，不能用作面漆涂装。

29. 简述木门涂料透明漆与不透明漆（色漆）的主要工序。

用涂料涂装木门表面，使用的基材往往不同。实木门采用珍贵材、阔叶材，具有美丽的木纹，为显现天然的色泽和纹理，往往采用不遮盖纹理的透明清漆涂饰。而用刨花板、中密度纤维板等人造板表面又不黏结薄木时，则常采用不透明漆（色漆）进行涂饰显现装饰效果。两者所用的漆的种类虽然不同，但其涂饰主要工序类似，如表4-1所示。

表4-1　木门涂料透明漆与不透明漆涂饰主要工序

工序	主要工序及工作内容	
	透明漆涂饰	不透明漆涂饰
工件表面准备	去污、除尘、去油迹、脱色、去木毛	去污、除尘、去油迹、去树脂
基础面磨平	嵌补木材孔洞与缝隙、白坯砂磨	嵌补木材孔洞与缝隙、白坯砂磨
着色、填平	填孔着色、涂层着色、拼色、修色	腻子填平表面
涂饰涂料	涂底漆、涂面漆	涂底漆、涂面漆
涂膜修理	砂光、抛光、上光	砂光、抛光、上光

注：为保证涂层面平整、光滑，通常各涂层都要进行干燥和漆膜磨平。

30. 试述 UV 光固化亮光漆涂饰木门门扇的工艺流程。

UV 漆（光敏漆）属于无溶剂型漆。紫外线快速固化涂料是木门行业专用漆中的上品，该法 20 世纪 60 年代末在国外兴起，20 世纪 80 年代初我国涂料厂为适应市场需要纷纷推出国产光敏漆与相应的光敏漆涂饰的生产流水线。

光敏漆特别适用于大型木门厂实木门的门扇与薄木贴面的木门门扇，可采取辊涂、淋涂、喷涂等方法涂饰，其工艺流程如表4-2所示。

表4-2　光敏透明亮光漆涂饰工艺流程

涂饰阶段	序号	工序名称	材料与设备	施工要点
基材处理	1	表面处理	180 号砂纸	清理、砂磨光滑
	2	嵌补	水性腻子	局部刮稠腻子，干燥 4~8h
砂光吸尘	3	干砂磨	定厚砂光机	全面砂光
	4	吸尘	吸尘机	全面吸尘

涂饰阶段	序号	工序名称	材料与设备	施工要点
基材着色	5	着色	海绵着色辊涂机	隧道烘干机（90～95℃）
底漆	6	填充	腻子辊涂机，UV腻子	光固化，一支汞灯、半固化
	7	底漆	双辊涂漆，UV底漆	光固化，三支汞灯、全固化
	8	砂磨	精细砂光机	全面砂磨、底色不能磨白
	9	第二次着色	海绵着色辊涂机	隧道烘干机
面漆罩光	10	淋涂第一道油漆	UV面漆、淋涂机	三支汞灯、全固化
	11	湿砂磨	320～400号水砂纸	砂磨平滑，干燥1～2h
	12	淋涂第二道面漆	UV面漆、淋涂机	三支汞灯、全固化
漆膜修整	13	湿砂磨	600～800号水砂纸	砂磨非常平滑，干燥3～5h
	14	抛光	砂蜡、煤油上光蜡	抛光压力不能过大
	15	漆膜修整	—	产品修整

31. 试述木门采用不透明色漆的涂饰工艺流程。

不透明色漆的涂饰，是将色漆涂料涂于木门表面，使其形成一层均匀的色漆膜，掩盖木材的纹理和颜色，该法在木门中应用较多，如白色漆门。

它适用一些针叶材或一些色泽、纹理较差的阔叶材，以及用中密度纤维板和刨花板制作的木门。采用不透明涂饰工艺，可以掩盖木门外表的缺陷和单调，又可显现各种鲜艳的颜色，达到保护、装饰和实用等多方面作用，硝基白漆显孔哑光涂饰工艺流程如表4-3所示。

表4-3 硝基白漆显孔哑光涂饰工艺流程

涂饰阶段	序号	工序名称	材料与设备	施工要点
基材处理	1	白坯打磨	180～240号砂纸	清理、砂磨毛刺
	2	全面填平	虫胶腻子、油性石膏腻子、硝基腻子	局部刮稠腻子，干燥4～6h
	3	干砂磨	240号砂纸	砂磨平腻子部位
封闭着色	4	喷涂硝基底漆	硝基头道底漆喷漆	薄喷，干燥2～4h
	5	干砂磨	240号砂纸	砂磨毛刺
	6	擦涂着色	白色格丽斯、白色浆	全面擦涂，干燥2～4h
	7	干砂磨	320号砂纸	轻轻砂磨
底漆	8	喷涂底漆	喷枪喷白色底漆	干燥4～8h
面漆	9	干砂磨	320号砂纸	全面砂磨，不磨穿底色
	10	喷涂第一道面漆	喷枪喷白色硝基面漆	干燥4～8h
	11	干或湿砂磨	320～400号砂纸	砂磨清除磨屑
	12	喷涂第二道面漆	喷枪喷白色硝基哑光漆	干燥24h
表面修整	13	漆面修整	根据情况，使用材料	部分或整件产品修补

32. 试述不透明色漆在涂饰木门过程中常见的缺陷。

不透明色漆在涂饰木门过程中常见的缺陷有：

（1）露底。露底俗称露白，是指在色漆涂饰过程中，色漆不能均匀地遮盖底层色彩的现象，它是在涂饰后所发生的，常见于门扇的边缘棱角、木线的凹凸处。

（2）色差。色差俗称色彩不均匀，是指涂层干燥后，涂膜的颜色在门扇表面、门框等不同部位存在差异。

（3）失光。失光也就是光泽低，是指涂层干燥后，随着时间的推移，漆膜逐渐失去光泽、颜色发暗。在门扇的局部处光泽低，甚至产生无光现象。

（4）渗色。渗色也称咬色，是指在色漆涂饰中，面漆将底漆漆膜溶解软化，底漆的色彩渗透到面漆漆膜上的现象。

（5）浮色。浮色也称其为发花现象，是指在色漆涂饰中，颜料分层解析，造成干漆膜与湿漆膜的色彩差异现象。

（6）变色。变色是指涂膜干燥后，在使用过程中产生漆膜色彩变深、变浅、泛黄等现象。

（7）粉化。粉化是指在色漆涂饰中，经过长时间暴晒，漆膜中黏结剂失效，颜料不能牢固地继续留在漆膜中，而从漆膜表面脱落，形成粉末层的现象。粉化产生的原因有涂料中油粉过少、涂层过薄、涂料质量不佳等。

色漆漆膜在涂饰过程中除了上述缺陷外，还有起泡、流挂、咬底、发笑、橘皮、裂纹、剥落等缺陷，这些缺陷已在透明漆中叙述，此处不再重复。

33. 色漆涂饰在木门门扇上为什么会产生失光现象？如何避免失光现象产生？

失光也就是光泽低，严重时涂饰在门扇上无光泽，该现象的产生原因与预防措施如表 4-4 所示。

表 4-4　失光产生原因与预防措施

产生原因	预防措施
环境温度过低，气候潮湿，有水蒸气凝聚	寒冷天、阴雨天不宜进行涂饰，涂饰适宜温度为 15～35℃
木材表面含有水分、潮气、油污及碱性植物胶等，砂磨表面不平、粗糙，尤其是硝基漆易生白雾	被涂饰门扇或其他零部件表面平滑、干净，不能有污物
漆膜不佳、颜料过多，漆液中渗入有煤油或柴油	选择优质涂料，漆膜不能混入柴油
防潮剂过多	控制防潮剂用量
面漆中加入大量溶剂，涂层过薄，漆液渗入管孔中被底层吸收	面漆中不能任意加入溶剂，适当增加涂饰层数和厚度，涂层厚薄均匀
底层未干透，就遇到冷气、水气、烟气等侵蚀	涂层干燥前，禁止进入冷气、水气、煤气等
操作时，空气压缩机上无油水分离装置或失效，有水分混入漆液	安装油水分离器，将压缩空气过滤干净

34. 试述色漆在涂饰中出现露底的原因，如何避免发生？

露底就是指色漆漆膜不能均匀地遮盖底层色彩，产生该现象的原因与预防措施见表 4-5。

表 4-5　露底现象产生原因与预防措施

产生原因	预防措施
色漆用料差，色漆遮盖力差	选择遮盖力较好的色漆
色漆中加入过量的稀释剂，出现沉淀物，使用时未搅拌均匀	不能加入过量稀释剂，使用时充分搅拌均匀
底漆比面漆深，面漆涂层过于稀薄	选择底漆色浅于面漆，涂饰合适面层漆增加涂层厚度

产生原因	预防措施
刷毛过硬、过短	选择合适的刷具
砂磨不熟练，边缘棱角、线条被磨白	提高砂磨技术水平，磨白处随时补色
①油性调和漆黏度较高，流平性差，产生露底。②喷涂移动速度不均匀，来回间隔过长，使漆液不均匀地附在物面，产生露底现象	提高涂饰技术

35. 试述色漆在涂饰门扇或木框时产生渗色的原因及预防措施。

渗色也称咬底，是指底漆的色彩渗透到面漆漆膜上的现象，它是涂饰后出现的一种不正常现象，其产生原因与预防措施如表 4-6 所示。

表 4-6　渗色产生原因与预防措施

产生原因	预防措施
木材内含树脂、色素、树胶等浸提物，如果未刷封闭漆，高温下或存放时间较长时，底漆就会渗入面漆	在涂饰前除去木材的浸提物。有节子时，在节子处涂 2～3 遍虫胶漆
底漆上涂强溶剂面漆，强溶剂溶解底漆漆膜	选择配套底漆、面漆
底漆色深，面漆色浅，尤其在喷涂操作中，底漆为红色漆（该漆含有有机颜料），面漆为浅色	面漆颜色深于底漆颜色
底漆尚未干透，急于涂面漆	底漆干透再涂面漆

36. 试述色漆在涂饰门扇或门框时产生浮色的原因及预防措施。

浮色俗称发花，它是在涂饰后，涂膜中出现颜料分层离析，使干漆膜与湿漆膜色彩有差异的现象，其产生原因与预防措施如表 4-7 所示。

表 4-7　浮色产生原因与预防措施

产生原因	预防措施
混合颜料中，各种颜料密度差异大	选择优质的颜料或加入适量的甲基硅油
未将已经沉淀的颜料搅拌均匀	充分搅拌均匀
刷毛过硬、过粗	选择合适的涂刷工具

37. 试述涂刷白漆色漆后，在使用中泛黄、变深的原因及预防措施。

白色门、门框在使用中泛黄、变深等产生的原因与预防措施如表 4-8 所示。

表 4-8　泛黄、变深产生原因与预防措施

产生原因	预防措施
在木材漂白时，漂白剂清洗不干净	将漂白剂清洗干净
色漆调配不均匀，白漆中白色颜料质量不佳	选择优质白漆，认真配色
PU 聚酯透明底漆中含有硝化棉成分	选择耐黄的 PU 聚酯漆
聚酯树脂漆或 PU 聚酯漆中含 TDT 成分	选择优质涂料
硝基底漆尚未干透，急于涂聚氨酯漆	待底漆干透后，涂面漆或用一类底面漆，或涂封闭底漆
日光直接照射漆膜表面	适当遮挡日光，不直接照射

38. 试述木门涂饰后的环保要求。

室内木门在室内环境中，占据着重要部位，因此若木门在表面装饰时采用不合格的涂料，不仅直接影响装饰效果和使用寿命，也直接影响居住者的身体健康。

苯、甲苯、二甲苯等存在于大多数的溶剂和稀释剂中，如醇酸树脂漆、硝基漆、聚氨酯树脂漆、苯乙烯树脂等涂料。而苯、甲苯、二甲苯等挥发性气体散发出的有害气体将影响室内环境，一旦人们吸入高浓度的苯、甲苯、二甲苯等将会引起头昏、恶心、记忆力衰退等症状，严重者出现障碍性贫血。因此，国家已经制定了室内空气质量标准，对苯的控制标准，最高允许浓度为 $0.09mg/m^3$，民用建筑工程室内用溶剂型涂料中苯的量应不大于 $5g/kg$。

甲苯二异氰酸酯（TDI）存在于聚氨酯树脂漆中，它是一种无色透明液体，挥发后有强烈的刺激性气味，对皮肤、眼睛、呼吸道都有强烈的刺激作用，吸入高浓度的甲苯二异氰酸蒸气，将会引起支气管炎等呼吸道发炎疾病。根据国家标准《民用建筑工程室内环境污染控制规范》（GB 50325—2010）规定，聚氨酯树脂漆中含量不应该大于 $7g/kg$。

可溶性的重金属铅、镉、铬、汞存在于颜料中，它们也是最常见的有毒物质，其会损害人体中枢神经系统、血液系统等，导致慢性中毒。因此在《室内装饰装修材料-溶剂型木器涂料中有害物质限量》（GB 18581—2009）规定，重金属可溶性铅不大于 $90mg/kg$，可溶性镉不大于 $75mg/kg$，可溶性铬不大于 $60mg/kg$，可溶性汞不大于 $60mg/kg$。

因此，在木门涂饰中必须选择国家环境标志认证的无毒、无异味、无污染的涂料，并符合《民用建筑工程室内环境污染控制规范》（GB 50325—2010）、《室内装饰装修材料-溶剂型木器涂料中有害物质限量》（GB 18581—2009）中的有关规定。

中国木门 300 问

第五章

木门工艺

第一节 木门生产工艺

1. 简述木门的构造。

由实木或其他木质材料制作成木门框与门扇，并通过五金件，将门扇安装在门框上，称其为一樘木门。木门框由上框、下框、边框、中横框、门挡条和中竖框组成，如图 5-1 所示。木门扇的主要部件由上梃、下梃、边梃、中梃、竖梃构成，如图 5-2 所示。除了上述主要构件外，还有装饰用的筒子板与贴脸板。筒子板是门洞口侧面和顶面的墙面装饰板，贴脸板是筒子板侧面的墙面装饰板。

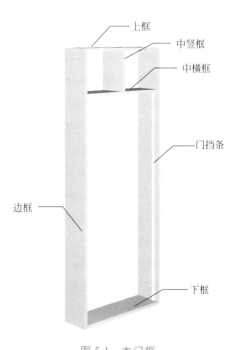

图 5-1　木门框

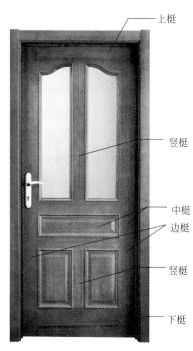

图 5-2　木门扇

2. 木门加工制作中常用的机械有哪些？

木门在加工制作中，主要的加工对象是木材与人造板，采用机械加工方法的是木工机械。

由于木材结构的不均匀性、材质软硬不一，所以在加工过程中常会产生许多不可预见的现象，如弹性变形、弯曲、开裂、劈裂、起毛等不良现象。

木门常用的机械加工方法有锯、刨、铣、开榫、钻孔、封边、加压成型、磨光等。

锯类机械，主要用来锯解木质材料，有圆锯、多片锯、排锯等。

刨类机械，主要用来加工方材、板材，将其表面加工的比较光滑，常用的设备有平刨、压刨、四面刨等。

铣类机械，主要有立铣、镂铣机等。

开榫类机械，主要有单头开榫机、双头开榫机。

钻孔类机械，主要有多头钻、多排钻等。

封边类机械，主要有直线封边机、曲线封边机、后成型封边机、T形门封边机等。

加压成型类机械，主要有冷压机、热压机。

磨光类机械，主要有窄带式砂光机、宽带砂光机、盘式砂光机、辊式砂光机等。

3. 试述实木门扇生产工艺。

实木门扇是指门扇、门框全部由同一树种或材性相近的实木或者集成材制作而成的木扇。

实木门扇的生产，实际上由两条生产工艺线组成：一条是生产门扇框，另一条生产线是生产门芯板。生产工艺线如图 5-3 所示。

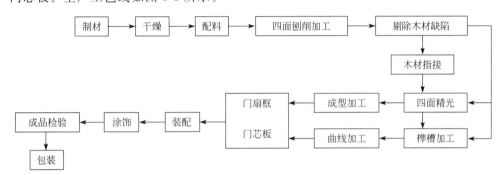

图 5-3　实木门扇的生产工艺线

实木门扇在加工制作过程中的要点如下。

（1）木材干燥。木材干燥是实木门制作过程中的关键工序，也是保证实木门成品质量的决定性因素。加工实木门的木材，其含水率应在 6％～14％之间，具体值根据当地的干湿度而定，南方潮湿地区含水率靠近最大值，北方地区（特别是西北地区）数值较小，北京地区含水率在 11％左右。

实木门可采用不同树种的木材，不同树种干燥工艺不同，必须严格掌握与控制干燥基准才能保证木材含水率均匀，避免木材开裂。干燥方法有自然干燥与人工干燥。人工干燥包括常规蒸气干燥、除湿干燥、真空干燥、太阳能干燥及炉气干燥。

（2）配料。按照零部件规格尺寸、树种及质量要求，将板材加工成各种要求规格毛料的工艺过程称为配料。短小的材料可以采用连接下料的方式，即将多根短小的部件连接在一起下料。在下料时，应严格控制规格尺寸公差，其规格必须按加工工艺留出必要的加工余量。

（3）零部件加工。实木门扇板的零部件主要有上梃、中梃、下梃、边梃、门芯板等。各零部件加工工艺大体上有刨光、开榫、钻孔和其他辅助加工。

刨光分为基准面刨光和成型面刨光两种。基准面刨光在平刨上进行，当基准面主要作为成型刨光的基准时，可进行粗刨；而基准面以后不再加工时，要进行精刨，即加工表面除保证平直外，还要与相邻面一致。成型面刨光有四种情况：

① 直线型边缘具有贯通的打槽、裁口的直线型零件，尽量先在四面刨成四方，然后用立刨加工。

② 超过四面刨加工范围或质量要求特别高的直线型零件，可用平、压刨刨方后再用立

刨加工成型。

③ 弯曲型零件可先用平、压刨加工两直边，然后用模具在立刨上进行弯曲面加工。

④ 榫头的加工可在双头开榫机上进行。透孔一定要两面加工，也可用链式打孔机进行。长方半孔只能用方钻，不得用链刀加工圆孔及圆长孔。无论是透孔还是半孔，一律用麻花钻由一面加工，深度大于100mm的圆孔应用蜗杆钻钻圆孔。对于圆棒榫接合的圆孔，为确保孔的加工精度，采用多头钻。

（4）装配和涂饰。先把门扇的零部件上梃、中梃、下梃、边梃、榫头及门芯板涂胶，安放在装配机上（卡门机）进行组合装配，然后进行涂饰。也可先对门扇零部件进行涂饰后，再进行装配。

4. 试述实木门框的生产工艺

实木门框必须和门扇选用同一材种或相接近的材料。实木门框的生产工艺比门扇工艺简单，它只需加工组成门框的零部件，即上框、边框、下框、门挡条、中竖框、中横框。加工过程与门扇相类似，此处不再重复，其生产工艺如图5-4所示。

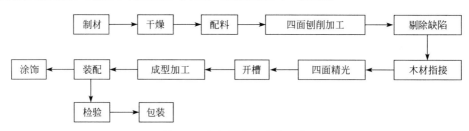

图5-4　实木门框的生产工艺

5. 试述实木复合门的生产工艺流程

实木复合门是以装饰单板为表面材料，以实木拼板为门扇骨架，芯材用人造板黏接复合压制而成的木门，其结构剖面图如图5-5所示。

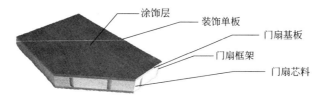

图5-5　实木复合门的结构剖面图

从图5-5中可见实木复合门由涂饰层、装饰单板、门扇基板、门扇框架、门扇芯料组成，其生产工艺流程如图5-6所示。

实木复合门扇在加工过程中有如下要点。

（1）原材料标准一定要根据地区标准确定，必须等于或小于当地平衡含水率。

（2）注意门扇内部龙骨的厚度加工精度。各个部件的厚度加工精度应控制在±0.2mm以内。

（3）内部龙骨材料的弯曲不得超过3mm，超过的要在材料表面进行划口处理。

（4）在压贴面板时，压力不能过大，否则容易出现露筋。

（5）压贴时涂胶要求均匀，涂胶量适宜，若涂胶量过少，容易造成胶接面缺胶，产生开胶现象；若涂胶量过多，不仅浪费，而且由于胶层过厚，固化时间长，胶层本身容易产生破裂。

（6）采用薄木贴面，其薄木无拼接缝隙，胶合要牢固，无开胶、鼓泡、崩边等缺陷。

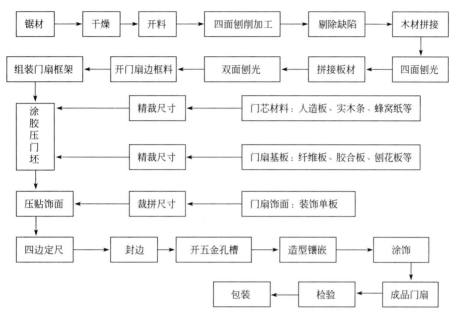

图 5-6　实木复合门的生产工艺流程

6. 试述实木复合门门框的生产工艺。

实木复合门门框生产工艺与门扇框的加工工艺相类似，其工艺流程如图 5-7 所示。

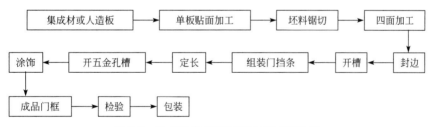

图 5-7　实木复合门门框的生产工艺流程

实木复合门门框在加工过程中要注意以下事项：
（1）要保证各个部件的加工精度，避免组装后出现高低差。
（2）选用的门框木材材料要保证有足够强度。

7. 试述实木复合门木门扇内部填料的作用及特点。

实木复合门的门扇内部填料也称骨料，作用是增加边框强度，支撑覆面材料，使部件表面平整，不会塌陷。填料种类比较多，相对于门扇内部骨架来说，填料主要起到填充作用，常用的填充材料主要有空心刨花板、蜂窝纸、网格中密度纤维板、实木条等。由于不同的填充材料性能不同，加工成的门扇也具有不同的性能。

（1）空心刨花板。空心刨花板具有较好的抗压、隔声、保温等性能，因此采用空心刨花板作为填料的木门具有抗压、隔声、保温等性能。同时空心刨花板在加工过程中厚度误差小、性能稳定，因此填有空心刨花板作芯的门扇，加工后性能稳定，不易变形，平整度好。

（2）蜂窝纸。蜂窝纸在国外的木门生产中被大量使用，将此料作填料，成本低，门扇的重量也较其他填料做的门扇轻，这样也就相应减轻对合页及门框承重的要求，但是其隔声、保温、抗压等性能低于空心刨花板的填充门扇。

（3）网格中密度纤维板。此材料通常是各工厂在加工过程中，为了充分利用剩余的小料而生产的填料，产品性能与蜂窝纸类似，但是较蜂窝纸填料自重重。

（4）实木条。实木条也是工厂加工过程中的剩余物，这种填料在传统的木门加工中应用较多，工艺简单，随着人造板应用广泛，实木应用减少，因此实木条填料的使用也就相应减少。

8. 门框与门扇常用的连接方式有哪些?

门扇与门框间的零件组合都采用榫结合，如图 5-8 所示。

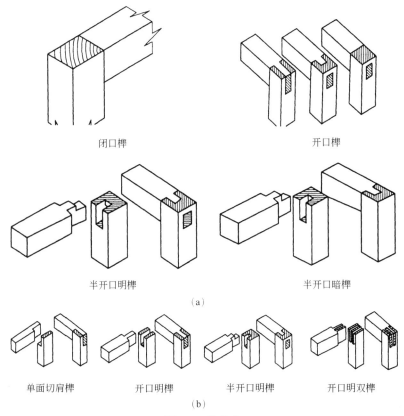

闭口榫　　　　　　　　开口榫

半开口明榫　　　　　　　　半开口暗榫

(a)

单面切肩榫　　　开口明榫　　　半开口明榫　　　开口明双榫

(b)

图 5-8　榫结合
(a) 按榫头侧面分类图；(b) 常见直角榫的结构图

榫结合是指榫头插入榫眼或者榫槽的方式，榫头榫眼结合是最古老的一种方木料结合方式，起初为古埃及的木匠们所青睐。经过几个世纪后，哥伦布探索新大陆时所用的船都已用榫结合方式制造。现在人们生产木结构框架、嵌板时也都用榫结合连接方式。木门中的门扇与门框都采用榫结合，如图 5-8 所示。榫结合按榫头的断面形状分为直角榫、圆形榫（圆棒榫）、燕尾榫等。

榫结合方式均包括榫头和榫槽两个要素，从板件端部突出的部分称榫头，与其结合板件上开出的榫孔称榫槽，两者经过良好的加工组合几乎可以抵御任何外力，燕尾榫结合则更难以拆解。图 5-9 是榫结合各部分的名称。

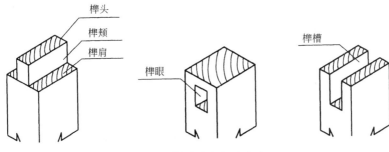

图 5-9　榫结合各部分名称

9. 试述直角榫与燕尾榫的技术要求。

（1）直角榫。

① 榫头长度。榫头长度根据其结合方式而定，采用贯通榫时，榫头长度应大于榫眼（榫槽）深度，一般为 3～5mm，以便结合后刨平。不贯通榫的榫头长度应不小于榫眼（榫槽）宽度或者厚度的一半，一般榫头的长度为 25～35mm。

② 榫头与厚度。榫头与厚度通常根据工件的断面尺寸和结合强度而定，一般单榫的厚度约为方材厚度或宽度的 2/5～1/2，双榫的厚度也应该接近方材厚度或者宽度的 2/5～1/2。为了将榫头更易装入榫眼中，常将榫头端部的两边削成斜棱。榫头常用的厚度为 6mm、8mm、9.5mm、12mm、13mm、15mm 等几种规格。

③ 榫头宽度。用闭口榫结合时，榫头宽度要小于方材宽度，即比宽度小 10～15mm。开口榫结合时，榫头宽度等于方材宽度。

（2）燕尾榫。

燕尾榫榫头是梯形或半锥形，榫头长度一般为 15～20mm，其特点是榫端大于榫头根部，榫肩和榫头长度的夹角角度为 80°，榫头倾斜角一般小于 10°。斜角过大会降低榫头强度。其加工精度是榫头外表面宽度方向大于榫眼 0.5mm，里面应小于榫眼 0.5mm，这种情况榫头的结合强度大。

10. 何谓圆棒榫？它的技术要求是什么？

圆棒榫是现在常用的插入榫，用于实木框架的结合。

（1）圆棒榫的材质要求密度大、无节、无朽、纹理通直，一般用中等硬度的木材制成，如柞木、水曲柳等。圆棒榫含水率比结合部件低 2%～3%，以便涂胶后，圆棒榫吸水后润胀。

（2）圆棒榫涂胶的方式可以在榫头或榫眼一处涂胶，也可以两处都涂胶。

（3）圆棒榫在机械加工时应该两端倒角，以便插接方便，其表面的沟纹以压缩方式制作最佳，这样可以使胶液存积在沟纹中，从而提高胶接强度，圆棒的直径通常为结合工件厚度的 2/5～1/2，其长度为直径的 3～4 倍。

（4）圆棒与圆孔长度方向配合为间隙配合，即圆孔深度大于圆棒长度，间隙大小为 0.5～

1mm；圆棒榫与圆孔的径向配合应为过盈配合，过盈量为 0.1～0.2mm。

木门中采用的弯曲件、弧形装饰线条、玻璃压条等部件（特别是弯曲部件），在加工过程中，工艺不当将直接影响材料的利用率。弯曲或弧形装饰件如果截面尺寸小可以直接加工成半成品，如图 5-10 所示；若遇弯曲或弧形装饰的截面尺寸较大的门框零部件，通常采用分段拼接的方式，如图 5-11 所示。其加工工艺分别如下。

（1）截面尺寸较小的木质弯曲线条加工工艺是：拼板→定厚砂光→曲线下料→铣型加工→弯曲部件半成品。

（2）截面尺寸较大的弯曲件加工工艺是分段拼接法，即将一段大的圆弧线分成多段进行加工，常用的工艺流程有两种：

① 规格材→锯切→拼接端加工（角度锯切、连接榫加工）→拼接→铣型加工→工件半成品。

② 规格材→锯切→铣型加工→拼接端加工（角度锯切、连接榫加工）→拼接→工件半成品。

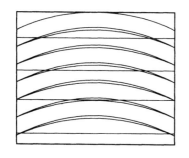

图 5-10　线条、压条等小截面工件

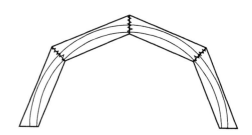

图 5-11　门框等大截面工件

木门的封边材料多种多样，常见的有实木、木单板、塑料、金属等材料。实木封边是比较传统的方式，实木封边条与门扇的连接可以采用粘接、镶嵌等多种方式，相对单板来说抗磕碰性能要好，但是采用实木封边条的含水率必须控制在 12％以下。现在大部分封边都采用工业化生产，因此单板封边用得越来越多，它特点是节约木材，但易出现开胶现象。对封边材料有如下技术要求。

（1）选择封边材料时要注意地区、气候和温度对封边材料的影响。

（2）选择的封边材料必须与封边的板面部件颜色、纹理相接近。

（3）封边后经过砂光、切割、修整后，还应保持严密牢固，且装饰性强。

（4）使用的基材部件边部表面若不平整，应预先用腻子或廉价的胶黏剂填平，经过封边设备封边后，达到良好的封边效果。

（5）封边后，不管采用何种材料封边，必须有足够的强度和防缩性。

T 形木门是从欧洲引进的木门，横剖面呈大写英文字母 T，因此人们就称其为 T 形门，也称企口门，其门扇凸出的企口压在门框线上，门框一侧装有密封胶条，使其密闭、隔声。T 形木门门扇的生产工艺流程如图 5-12 所示。

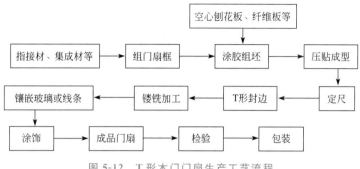

图 5-12　T 形木门门扇生产工艺流程

T 形木门门扇生产工艺要点如下。

（1）门扇框架。门扇框架是木门扇的主要部分，为保证强度和减少门扇的翘曲变形，其框架的骨架通常采用松本、杉木等材种的指接材，含水率必须控制在 6%～14%，其结构如图 5-13 所示。框架两侧各采用两根指接材对称分布，门扇底部也采用两根木方或指接材，主要是为保证现场需锯门时提供余量或安装门密封条。门扇为保证安装五金件有足够的握紧力，也可在木框上添加实木条。

（2）组坯门扇压合成型。

（3）T 形门的表层面板和门芯板可采用实木单板，中、高密度纤维板，刨花板，空心刨花板，蜂窝纸，装饰纸等。根据订单选择材料，在裁料时要注意，面板的幅面尺寸要比门边框大 10mm，门芯板的幅面尺寸要比门边框尺寸小 5mm。

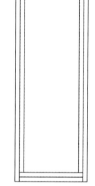

图 5-13　门扇框架

裁切好的材料，与门扇框架、门芯涂胶组坯送进压机压贴成型。压机可选用热压或冷压，但冷压机冷压效率低，须采用多台。热压机施胶通常采用脲醛树脂胶，冷压机采用乳白胶。

（4）定长宽。

（5）门扇压贴成型后，四边长宽加工时每边留 2mm 的封边余量。

（6）T 形企口加工与封边。

（7）T 形企口加工是由铣刀完成，为避免在开企口时末端产生劈裂，需要安装一把逆向铣刀，其作用是当门扇企口快要加工到末端时，逆铣刀进行反向铣削。

（8）T 形企口加工完成之后，对企口进行封边。将封边带粘贴在 T 形企口边缘，然后在封边带上按设定的尺寸用锯片划一条沟槽，避免在封边时，封边带因折叠而断裂。

（9）镂铣加工。

（10）当门扇具有造型和开五金孔槽时，通常选 CNC 数控加工机床加工。

（11）装饰木线条加工镶嵌。

（12）装饰木线条用来提高木门的装饰效果，通常用四面刨设备加工，然后通过手工完成镶嵌。

（13）涂饰。

（14）当采用聚氯乙烯（PVC）、CPL、装饰纸等进行表面装饰的木门，通常不需要进行涂饰处理。需要涂饰的木门及过程见第四章第二节，此处不再叙述。

14. 试述 T 形木门门框的生产工艺及要点。

T 形木门门框生产工艺与平口木门门框生产工艺类似，生产工艺如图 5-14 所示。

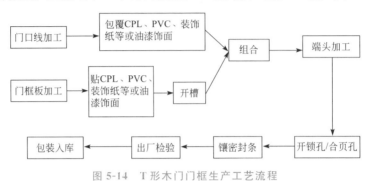

图 5-14 T 形木门门框生产工艺流程

生产工艺要点如下。

（1）门口线、门框板加工。门口线采用刨花板或纤维板，经锯剖后涂胶组合热压成型，胶固化后进入四面刨进行铣型完成毛料加工。根据订单墙厚锯切，留 5mm 加工余量。

（2）包贴表面装饰材料。门口线毛料进入包覆机加工，其饰面材料采用 CPL、实木单板、装饰纸等材料中的任一种进行包贴加工。

（3）端头加工。T 形木门框绝大部分采用 45°角对接，可采用门框切角机加工。

（4）开孔与密封。门框切角定长后，根据订单要求，依照锁型号在门框开锁片、锁孔、合页孔。通常采用镂铣机、打孔机。门框板要进行密封条镶嵌，通常采用手工操作。

第二节 木质防火门材料与生产工艺

15. 制作防火门采用哪些防火材料？

一般采用难燃的木材、人造板、钢质材料及其他材料制作木质防火门门框、门扇的骨架与门扇面板。门扇内若填充材料，必须选用对人体无害的防火隔热无机材料，并配以防火的五金配件防火锁、防火闭门器、防火插销、防火玻璃等材料。

16. 人造板制作木质防火门采用何种类别的木材？

木质防火门门框和门扇的骨架材料一般采用针叶材或阔叶材。

阔叶材硬杂木硬度和密度高，具有一定耐火性能，但其耐火性能还达不到防火门标准中耐火极限的要求，因此必须对木材或人造板进行阻燃处理。

目前，我国高层建筑内安装的木质防火门门扇普遍采用三层胶合板结构，骨架木材采用红松与白松，门框材料用红松，这些木材都须经过阻燃处理，阻燃木材或人造板必须达到《建筑木门、木窗》（JG/T 122—2000）标准中对木材的要求。

木质材料的阻燃要求应符合《建筑材料难燃性试验方法》（GB/T 8625—2005）检验标准。在木质防火门中通常都是先加工阻燃人造板（阻燃胶合板、阻燃刨花板、阻燃中密度纤维板），然后再在阻燃人造板表面贴刨切薄木或阻燃浸渍装饰纸，对其表面进行装饰。通常采用涂刷法把阻燃剂涂刷在刨切薄木上。

（1）阻燃胶合板。防火门采用的胶合板必须符合《难燃胶合板》（GB/T 18101—2013）中有关规格、质量、理化性能和燃烧性能的要求。

（2）阻燃中密度纤维板。防火门中若采用中密度纤维板必须符合《难燃中密度纤维板》（GB/T 18958—2013）中对产品外观、理化性能等指标要求。其中甲醛释放量应符合《室内装饰装修材料、人造板及其制品中甲醛释放限量》（GB 18580—2017）中的规定；燃烧性能应符合《建筑材料及制品燃烧性能分级》（GB 8624—2012）中难燃等级的规定。

（3）阻燃刨花板。刨花板的原材料，通常是木材加工厂的下脚料与用过的木材及其他植物纤维的原料，所以其导热性能与天然木材接近，因此在耐火极限范围内为了确保门扇的刚性，理想情况下材料选用添加阻燃剂的刨花板。但这种板材价格贵，因此有的制造商采用将门体加厚的措施。例如，以刨花板为基材制造耐火极限为 120min 的防火门，其门扇厚度采用 80mm 以上。

17. 防火门采用的防火无机材料有哪些防火等级？

为提高防火门耐火性防火等级，在防火门内的填充材料也必须是对人体无危害的隔热材料，按照国家标准《防火门》（GB 12955—2008）的规定，所用的填充材料都应经国家认可、授权检测机构检验，达到《建筑材料及制品燃烧性能分级》（GB 8624—2012）中规定燃烧性能 A1 级要求和《材料产烟毒性危险分级》（GB/T 20285—2006）中规定产烟毒危险 ZA2 级要求。

18. 试述防火玻璃的性能及结构。

防火玻璃是一种新型防火材料，具有良好的透光、耐火、隔热、隔声性能。常用的防火玻璃是两层或两层以下的平板玻璃、中空防火玻璃和特种防火玻璃。其中夹层复合防火玻璃应用较为广泛。

夹层复合防火玻璃是由两层或两层以上的平板玻璃中间夹透明的防火胶黏剂组成。夹丝防火玻璃是在两层玻璃中间放有机胶片或无机胶黏剂，在夹层中再加入金属丝或网物制成复合玻璃体，加入丝或网后，不仅可提高防火玻璃的整体抗冲击强度，而且还能与安全报警系统相连，起到报警作用。特种防火玻璃有硼硅酸防火玻璃、铝硅酸盐防火玻璃、微晶玻璃等，每种玻璃的成分不同。特种防火玻璃的软化点都较高，均在 900℃ 以上，热膨胀系数低，在强火焰下都不会炸裂或变形。其中微晶防火玻璃除具有上述特点外，还具有良好的抗压强度与化学稳定性。

19. 试述防火棉的耐火性能。

防火门门扇中的填充材料一般是防火棉，防火棉的主要原料是涤纶纤维，经梳理铺网成型后，采用低熔点黏合纤维混合而成。防火棉具有防火性能强、弹性好的特点。

当火灾发生时，防火棉不仅可以有效阻碍和阻挡烟灰与火焰，而且还可以抑制燃烧，延长救援时间。防火门采用的防火棉是硅酸铝纤维（又叫陶瓷纤维），它是一种新型轻质耐火材料，特点是密度小，耐高温，热稳定，隔热性能好，传热系数低，所以其用作防火门的门扇填料，使防火门具有良好的耐火性能。

20. 防火门安装的防火门锁有何质量要求？

在火灾发生时，火焰蔓延，使门炭化层逐渐增厚，门扇变形，单开启的门若安装普通门锁，在锁具侧上下两角将会向外弯曲，致使脱离门框内口，使火焰蹿出；双开启门安装锁具位置处向外鼓起，火焰就从两扇门中间缝的上端蹿出。而防火门锁克服了上述缺点，它的特点是可以防风，锁体插嵌在门樘中，可在900℃高温下照常开启，而且耐腐蚀性高。

防火门锁的质量要求是牢固度好，耐火时间应大于安装使用的防火门耐火时间，在耐火试验中，无蹿火、明显变形和熔融现象，应能保证防火门门扇处于关闭状态。

21. 试述防火门采用的防火五金件的质量要求。

为保证防火门能达到耐火性要求，安装防火的五金件也应具有耐火性能要求。

防火门五金件主要是指防火合页与防火插销。为保证防火门防火时，合页不变形，防火合页板厚的厚度须增厚，其厚度应大于3mm，耐火时间应大于防火门的耐火时间。防火合页铰链处应无蹿火现象。同时还应保证防火门门扇与合页（铰链）安装处无位移，并处于良好状态。

防火插销的耐火时间应与其安装使用的防火门相匹配，而且应大于防火门耐火时间，在耐火试验中，耐火插销应无蹿火现象，能保证防火门门扇、门框安装的插销杆与门框上的鼻儿无位移，处于良好的插入状态。

22. 为什么防火门在制作中必须放置防火膨胀密封件？

门扇与门框处留有门缝时，就会产生风洞效应，也就是氧气从门缝中不断进入，促使该处燃烧强度增大，温度急剧升高，加速木材炭化过程，使门缝门隙进一步扩大，造成火势进一步加大。而防火膨胀密封件具有较好的阻隔作用，将火、烟、热有效阻隔。因此防火门必须装置防火膨胀密封件。防火门使用的防火膨胀密封件由传统的石棉绳和硅酸铝纤维绳发展为以高精细石墨、阻燃装饰材料、膨胀剂等为主要原料，经高温加压成型的膨胀密封条。

在300～400℃温度下，其线性膨胀倍数大约为原膨胀体厚度的2～3倍。因此，该密封条具有较好的密封效果。防火膨胀密封件烟气毒性的安全级别不应低于《材料产烟毒性危险分级》（GB/T 20285—2006）规定的ZA2级。

23. 试述木质防火门门扇的生产工艺流程。

木质防火门门扇生产工艺流程如图5-15所示。

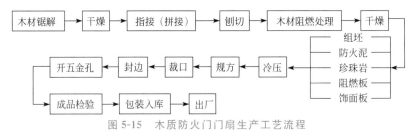

图5-15　木质防火门门扇生产工艺流程

24. 试述木质防火门门框的生产工艺流程。

木质防火门门框生产工艺流程如图5-16所示。

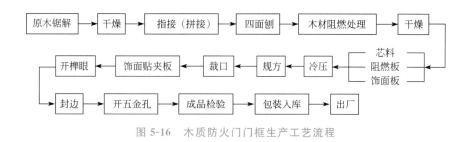

图 5-16 木质防火门门框生产工艺流程

第三节 薄木贴面木门常遇的缺陷、原因及预防措施

25. 薄木贴面的木门，在生产中经常会出现哪些缺陷？

木门表面在薄木贴面时，木门的装饰表面经常会出现透胶、鼓泡、裂纹、板面翘曲、拼装离缝、压痕、污染变色等现象，影响木门的美观。

26. 薄木贴面的木门为什么会在木门表面出现透胶现象？如何避免此缺陷产生？

（1）木门表面饰面板出现透胶既影响表面美观又影响涂饰效果。其产生的原因有以下几方面：

① 胶液过稀、涂胶量过大。

② 薄木厚度过薄。

③ 选用薄木材种的导管太大。

④ 薄木含水率过高。

⑤ 组坯胶压时压机压力过高。

（2）根据上述的原因，可按下列办法解决：

① 适当调整胶黏剂比例，聚醋酸乙烯酯乳液和面粉总重量应该大于脲醛树脂胶。

② 调整涂胶量，避免因为胶黏剂黏度过高、树脂胶含量高而造成涂胶量增大。

③ 采用较厚的薄木，一般用厚度为 0.5mm 以上的薄木可以避免透胶。

④ 选用导管较小的材种。

⑤ 薄木含水率不应过高，用湿布擦单板后自然干燥再进行粘贴，热压前建议尽量少喷水。

⑥ 涂胶后，适当延长陈放时间。

⑦ 控制胶贴的单位压力在 0.5～1.2MPa。

⑧ 对于已产生透胶的产品，轻微的可以刀刮、研磨，若严重的需要把薄木去掉，重新胶粘。

27. 薄木贴面的木门为什么会在生产或使用过程中出现大面积开胶现象？如何解决？

（1）薄木贴面的木门扇或门框，生产加工或消费者使用不久后，可能会出现大面积开胶现象，其原因如下。

① 胶黏剂的质量不合格。胶质量不合格表现为：调胶的比例有差异；胶黏剂已超过活

性期；胶黏剂保存不良，有发霉现象。

② 基材平整度不符合要求，因此在涂胶时出现漏涂现象。

③ 薄木或基材的含水率过高。

④ 热压时间短。

目前从事环保木门生产的企业，普遍采用低甲醛的脲醛树脂胶，其热压时间比原使用的普通脲醛树脂胶热压时间要稍长，才能达到胶合效果。

（2）根据上述原因，可分别按下列方法解决。

① 重新调制胶黏剂的比例，或更换胶黏剂。

② 调整砂光机精度，控制基材的平整度，基材涂胶后，仔细观察是否有漏胶现象，如果有，需要及时补胶。

③ 用含水率测定仪检测薄木与基材的含水率。

④ 若发现开胶量面积大，不易修复，必须把薄木去除，重新进行胶粘。

28. 为什么实木复合木门在生产或使用过程中木门表面会出现裂纹？如何解决？

（1）实木复合门在门扇或门框表面出现细长裂纹，其原因如下。

① 在生产压贴过程中，压板温度过高，或热压的压力过大。

② 薄木的厚度太薄，质量差。

③ 薄木含水率过高，导致薄木干燥中收缩不均匀。

④ 胶黏剂配比有差异。

⑤ 基材含水率不均匀。

（2）根据上述原因分析，分别通过下列方法解决。

① 适当调整热压工艺，降低热压温度和压力。

② 卸压后喷水，热压后板材堆放时面对面堆放，以减少水蒸发。

③ 用稍厚的薄木，或在薄木与基材之间增加一层缓冲层（通常加一层薄纸）。

④ 用含水率测定薄木含水率值，采取适当措施稍降薄木含水率。

⑤ 薄木若胶贴的基材是胶合板时，注意胶贴薄木的纤维方向应与胶合板的纤维方向相垂直。

⑥ 调整胶黏剂配比，增加热固性树脂的比例，提高胶液的耐水性。

29. 薄木复合门门扇出现板面翘曲现象的原因是什么？如何解决？

（1）薄木复合门门扇出现板面翘曲，其原因如下。

① 脲醛树脂胶液或水基型聚醋酸乙烯酯等胶黏剂配比不当。

② 热压的压力和时间工艺参数有差异。

③ 薄木复合木门扇的正面和背面，胶贴的薄木不对称。

④ 薄木干燥不均匀。

（2）根据上述原因分析，进行下述方法改进。

① 调整胶黏剂的配合比例，适当减少胶的涂层，使胶层柔软。

② 适当调整热压工艺参数（温度和压力）。

③ 卸压后，门扇码放平整，并在门扇之间均匀加厚度一致的垫条。

④ 门扇的表面和背面胶贴的薄木，应注意胶贴的纹理，并符合对称原则。

⑤ 降低薄木含水率，并保证薄木面含水率均匀。

30. 为什么实木复合门在胶合后会出现门扇表面凹凸不平或产生压痕？在生产加工过程中如何克服这一问题？

（1）薄木门扇或门框在胶合后出现凹凸不平的现象，其原因如下。

① 在胶粘时，基材本身表面粗糙度有误差，造成门扇表面不平整。

② 涂胶时，胶辊调整不精确，使胶层厚薄不均，在热压时没有把多余的胶液挤出来。

③ 压板上有细微异物，或薄木表面本身沾上异物。

（2）解决办法如下。

① 在机加工时，控制基材的平整度。

② 调整涂胶机辊轮，使胶液涂层均匀。

③ 随时清理压板，保证压板干净，薄木和基材在压贴时，随时检查有无异物沾在其上。

31. 薄木贴面的木门扇或木门框为什么会出现鼓泡和局部脱胶现象？如何补救？

（1）薄木粘贴的木门扇或木门框局部出现脱胶或鼓泡现象的原因如下。

① 涂胶不均匀，甚至有部分未涂到胶。

② 热压时间过长，致使胶黏剂有焦化现象出现。

③ 薄木和基材的含水率分布不均匀。

（2）根据上述原因分析，可按下列方法克服和纠正这一问题。

① 检查涂胶机辊压筒旋转速度与间隙，若采用手工涂胶，涂胶时用力均匀。

② 调整热压工艺，微调热压温度与时间。

③ 用含水率测定仪测定薄木与基材含水率是否均匀，若差异大，再采取手段进行干燥，或陈放一定时间后，再压贴。

④ 对于已经出现少量鼓泡或局部脱胶的产品，可以使用锋利的刀片，顺着木纹方向划开有鼓泡的薄木，或用注射器将胶注入鼓泡内，然后再用手工电熨斗压平。鼓泡面积过大时可以将其周围的薄木切除，刮净残留胶，选择相近的薄木重新胶粘贴，但要注意补片时一定要仔细，补片的周围要黏合严密。高档的木门不允许补片，必须将薄木去除，重新粘贴。

32. 薄木贴面复合门采用脲醛树脂胶黏合时，其热压工艺参数是多少？

薄木贴面采用脲醛树脂胶压合时，在表面板上涂胶量一般为 $100\sim150\mathrm{g/m}^2$，其热压工艺参数如表 5-1 所示。

表 5-1　薄木贴面热压工艺参数

热压使用的胶液	热压温度/℃	热压压力/MPa	热压时间/min
脲醛树脂胶	110～120	0.8～1.2	3～4
	130～140	0.8～1.2	2

注：上述参数随生产环境湿度和脲醛树脂胶配比不同，可稍做调整。

33. 木门表面为什么会出现拼装离缝现象？在生产中如何解决？

（1）薄木贴面木门在生产或使用过程中，有时薄木拼接处会有缝隙，其产生的原因如下。

① 薄木配板时，切刀刀刃不锋利，在切割时，切削刀口处薄木切得不直，而造成不直、不严。

② 薄木含水率过高，干燥后收缩。

③ 胶液黏度不当。

（2）解决方法如下。

① 磨刀刃，保持刀刃直而锋利。

② 胶粘时尽量将薄木挤紧，但中央部分稍松些。

③ 调整胶液黏度，增加脲醛树脂胶含量。

④ 降低薄木的含水率，薄木的含水率不能过高。

⑤ 降低热压温度。

第四节 机加工常用设备在加工过程中常遇见的加工缺陷、产生原因及消除方法

34. 压刨在加工门扇与门框零件时常见的加工缺陷有哪些？产生的原因和消除方法是什么？

压刨在刨削平面过程中常出现的缺陷、产生原因及消除的方法见表 5-2。

表 5-2 压刨加工缺陷产生原因及消除方法

缺陷	产生原因	消除方法
加工工件表面粗糙不平，起毛刺，加工表面有沟纹	刀刃钝，刀内嵌进刨花刨削	研磨刀刃取下刀片，削除刨花
工件两边厚度不一致	① 工作台与刀轴不平行，工作台歪斜； ② 刀刃各部位伸出量不均	① 调整工作台水平状态； ② 重新调整刨刀
沿刨削面全长有凸起线条	刀刃有缺口	更换新刀片
刨削平面有波纹长度不均匀：① 局部的、偶然的；② 整块的，每隔一段时间	① 进料速度不均匀； ② 个别刀片刀刃凸出，每把刀片的刀刃不在同一平面	① 匀速进料； ② 重新安装刀片
加工表面有局部凸起的波（特别是宽料）	工件在工作台上没有压紧	压紧工件，均匀进料
工作末端刨削过多	后工作台平面低于刀刃平面	升高后工作台面，并使其与刀刃切削平面持平
相邻两平面不成直角	① 定靠装置未调整好； ② 已刨工件表面和定靠装置没有靠紧	① 调整定靠装置； ② 操作时，注意将工件定靠在定靠装置

35. 立刨在加工门扇与门框时常见的加工缺陷有哪些？产生的原因是什么？如何解决？

立刨在加工门扇与门框零件时，常见的加工缺陷、产生原因及解决方法如表 5-3 所示。

表 5-3　立刨加工缺陷、产生原因及解决方法

缺陷	产生原因	解决方法
零件表面不平，出现不规则的波纹	刀头上刀片的刀刃不在同一切削面上	调整刀片的位置，使每把刀片的刀刃在同一切削面上
同一批零件，加工后的尺寸误差较大	① 刀钝、模板磨损； ② 靠板或定靠装置位置移动； ③ 模板和零件未靠紧定靠装置	① 重新磨刀片、修整模板； ② 重新调整靠板，并用螺钉固定； ③ 每次推送时，必须用力靠近定靠装置
零件的榫槽线形不正确	刀形不正确	根据标准样板修整刀形
曲线零件不符合规格尺寸	切削圆直径和滚轮直径之差与规定的加工余量不相等	根据滚轮调整切削圆的大小，使之符合所规定的加工余量
榫颊面一面大一面小	用两个刀头工作时，其上、下刀头的切削圆不相等	调整上、下刀头的切削圆，使之相等

36. 四面刨在加工木门零件时常见的加工缺陷有哪些？产生的原因是什么？如何消除？

在加工木门零部件时，四面刨是不可缺少的重要设备之一，主要用于将工件按照需要的截面形状和尺寸，同时对四个面进行加工，因此，它有四个以上的刀头或铣刀主轴，通常有4～8个刀轴。刨削厚度为75～125mm，其加工过程中常见缺陷如表5-4所示。

表 5-4　四面刨加工缺陷、产生原因及消除方法

缺陷	产生原因	消除方法
表面裂纹	① 木料在干燥时过干或产生翘曲； ② 机床调整不正确，进料滚筒或压紧滚筒压力过大或压力不均匀	① 注意检查木料干燥质量； ② 检查下进料滚筒的位置，调整上进料滚筒及压紧滚筒压力
榫槽和榫头尺寸误差大，过松或过紧	刀具不符合规格	检查刀具的刀刃是否锋利，尺寸是否相符
榫槽深度不够	压紧滚轮的导板压力不够，刨削层太大	调整压力，检查刨削层的大小
沿毛料厚度方向榫槽和榫头位置不正	刨刀安装的高度不一致	将刨削榫头和槽的刨刀刀刃调整在同一高度
刨削不成直角	① 工作台面在横向不成水平； ② 左右垂直刀轴与工作台面不垂直； ③ 上下刀轴与工作台面不水平； ④ 沿刀头长度方向刀片凸出量不一致； ⑤ 定靠装置工作面与刀轴不平行	① 将工作台面调成水平； ② 调整垂直刀轴，使其与工作台面垂直； ③ 调整刀轴使其与工作台面平行； ④ 刀片的刀刃应装在同一切削面上； ⑤ 检查定靠装置，使其与刀轴平行
上表面或下表面有凹坑	① 刨削排出不畅； ② 压紧滚筒被刨屑阻塞； ③ 滚筒表面损伤	① 检查排尘管与防尘罩是否严密结合； ② 清除压紧滚洞尘屑； ③ 车磨滚筒表面
木料表面出现凸起条纹	刀刃有缺口	将缺口处磨平或换新

37. 开榫机在加工木门零件时常见的加工缺陷有哪些？产生的原因是什么？如何消除？

我国传统的木门大部分都采用直角榫结合。传统的工艺中，门扇的门梃、横挡等都采用直角榫连接。随着工艺发展，现代榫结合的木门中，有的采用圆棒榫连接方式。

开榫机的加工缺陷、产生原因及消除方法如表5-5所示。

表5-5　开榫机加工缺陷、产生原因及消除方法

缺陷	产生原因	消除方法
榫颊凸起	刀片弧度刃磨不正确，刀片弧度过大造成榫头形状误差	重新刃磨弧度，其弧度大小应与刀头斜度相适应
榫颊凹陷	各片刀没有装在同一切面上	重新装刀
两榫颊不平行	刀轴振动	平衡刀头
有波状不平	压紧器松动致使工件跳动	调整压紧器压力，夹紧工件
榫肩起毛	① 铣刀刃口不锋利，没有割断木纤维（立刀尖比平刀刃口低）；② 装刀位置不正确	① 刃磨刀具；② 调整刀具位置
榫头侧面有劈裂	垫板失去作用	更换与榫头侧面完全复合的新垫板
榫颊与榫肩的角度不正确	① 各刀轴与台面不平行或不垂直；② 工件放置不当，夹紧无力	① 调整刀轴与台面使之平行或垂直；② 调整压紧器，牢固夹紧工件

38. 试述钻孔类设备在加工过程中的缺陷、产生的原因及消除方法。

钻孔设备是木门生产中的常用设备。它的种类很多，按轴数分为单轴、双轴、多轴；按钻轴位置分为立式、卧式、可倾斜式；按控制方式分为通用型与专用型。钻孔设备在门扇中用于钻孔开榫槽、门锁孔等。钻孔类设备在加工过程中常见的加工缺陷如表5-6所示。

表5-6　钻孔类设备加工缺陷、产生原因及消除方法

缺陷	产生原因	消除方法
孔壁粗糙有沟痕	① 长方形孔，钻套与台面及导轨之间安装位置不对；② 钻削相邻两长圆孔时，两钻间距过大，出现未钻削孔壁	① 调整方钻套，使之与导轨平行与台面垂直；② 相邻两钻间的距离尽量缩小，孔钻完后，再将钻头在孔内左右缓慢移动几次，将孔内残余部分清除
榫眼不正，榫眼（榫槽）形状不垂直或不平行，角度不正	① 工作台面与钻头不垂直；② 台面上有杂物，工件没有放平；③ 工件夹紧不牢，加工时工件松动，产生位移	① 工作台面进行调整；② 清除台面上的杂物；③ 将工件夹牢固、放平、放妥当
尺寸误差	① 钻头用久变钝；② 钻头规格有误	① 更换钻头；② 选用规格一致的钻头

第六章

木门营销

第一节　营销

1. 木门在国内的营销渠道有哪些变化?

随着房地产调控政策力度的增加,中国木门市场营销受到了一定的冲击,各品牌销售量、利润都受到了不同程度的影响。特别是大型建材市场与超市的租金逐年增长,营销成本加大。

为了应对当前的严峻形势,各企业都积极思考、开拓、调整、重组营销渠道,为企业产品销售拓展出一条畅通之路。

(1) 市场战略目标的变化。为积极应对市场的变化,各品牌在战略上纷纷调整,一线品牌在巩固一线城市的营销渠道的同时,又加大了对二、三线城市拓展和发展。

(2) 调整一级城市门店数量,增设仓储式销售。

(3) 销售渠道扁平化。

(4) 在一线城市或大省级城市减少省、区域、市代理商,自设分公司。

(5) 加强与房地产商合作,重视精装修房工程。

(6) 改进传统营销模式,积极发展电子商务和微营销。

(7) 电子商务冲击传统营销模式,目前我国木门类电子商务网站已有数百家,大致分为平台式购物、网上商城和综合门户等类型。木门企业开展营销和服务为一体的木门行业电子商务。

(8) 个性化定制设计和施工服务已逐渐形成体系。

2. 木门的营销终端在近几年变化很大,为什么经销商门店还是主要渠道?

商场竞争加剧,但企业的竞争焦点还是终端表现。木门产品销售在市场扩大覆盖面,经销商门店作用重大而当地的经销商具有如下几方面的优势。

(1) 经销商在当地市场具有较好的经营能力,具有人脉、门店、资金。

(2) 经销商熟悉当地市场,又在当地拥有成熟的客户网络。

(3) 经销商能在当地迅速将木门产品铺开,具有一定销量,不需要企业再花费过多的人力、精力、财力打开市场。

(4) 加强对经销商的管理,会使经销商有比较好的品牌忠诚度。

鉴于经销商在市场中具有上述优势,因此企业在营销终端中的销售量比例还是最大,所以在目前市场营销终端中还是主要渠道。

3. 木门在市场流通中应具有哪些服务?

根据木门产品的特点,木门企业生产出不同材质、款式的木门后,应具有以下三大服务,即售前、售中、售后服务。若再细分,可分为四大部分服务系统,即销售服务、咨询服务、施工服务(测量门洞口、安装)、售后服务。

4. 何谓销售服务?

销售服务就是指消费者在选购木门时,销售人员为保证消费者能够选择到满意的木门,真实地介绍各种类木门的特点及使用安装和维护的注意事项。销售服务人员，即在产品销售过程中所做的各种服务的人员，包括店长导购员、网销人员、小区服务人员及售后服务人员。

5. 导购员应具有哪些素质？

导购员是木门销售服务的最前哨，是品牌的最直接代表者，因此必须具有良好的专业知识和高度的服务精神，应具备如下的职业素质。

（1）诚实、敬业、客观、守信。

（2）必须经专业培训，持证上岗。

（3）对人热情，举止大方，善于表达沟通。

（4）具有木门安装、维护保养等专业知识。

（5）掌握木门性能特点，能从消费者的角度出发，推荐木门。

6. 导购员的行业准则有哪些？

导购员的行业准则如下。

（1）导购员必须统一着装、仪表整洁。

（2）在接待顾客时，使用礼貌用语。

（3）热情、耐心服务，牢记"一切以消费者为先"的宗旨，在任何情况下，都不冷落消费者，耐心解答消费者的问题甚至难题。

（4）以实事求是的精神，告知消费者"企业提出服务的承诺"。

7. 导购员在推荐产品时应注意哪些事项？

（1）导购员在推荐木门产品前，以聊天方式向客户了解他的装修风格与木门的预算，然后再向消费者介绍各种材质木门的特性及注意事项。

（2）导购员在推荐产品时，要符合或靠近消费者心中的价位。

（3）推荐木门产品时，一定要推荐门店中陈列的木门，而且不宜推荐太多，最好推荐两三款，不然客户会犹疑不决。

（4）消费者若提出门店陈列的产品以外的产品时，导购员应反应灵敏，对消费者提出的产品或型号通过对比的手法来说服消费者。

8. 导购员在店内销售时，如何做好售前、售中、售后服务？

木门在开展销售活动时，通常包含三个内容，即售前、售中、售后服务。

（1）售前服务。售前服务就是当消费者跨入店内四面环望时，销售人员就应笑脸相迎，并应做到：

① 不卑不亢、耐心地了解消费者家居装饰风格及其对木门色泽的要求。

② 正确引导，有的放矢地介绍各种类木门的特点，最后将消费者通信联系方式记录备案。

（2）售中服务。

① 热情接待每一位进入门店的消费者，正确介绍、引导消费者选购木门。

② 引导消费者正确认识实木门的色差。

③ 在签订购买合同时，应告知消费者木门验收的方法。

④ 告知消费者木门的正确使用方法与维护保养中应注意的事项。

（3）售后服务。

① 木门进入工地后，销售人员（导购员）应及时通过通信工具通知客户，做好木门成品验收与安装验收跟踪工作，并做好书面记录，将客户信息记入档案。

② 在安装中要与消费者保持联系，听取消费者意见，发现问题立即与工程部联系，防患于未然，并督促售后服务人员到工地监理。

③ 接到消费者投诉，不要推诿，在48h内反映给售后服务部门，勘查现场。

导购员（销售人员）虽然只是负责售前、售中的服务，事实上售前、售中、售后之间相互有机地联系，有一项服务不到位，就影响销售的成效。所以导购员在服务中，既要重视售前、售中服务，也不能忽略售后服务。

9. 如何提高店面的销售额？

为了提高店面的销售额，营业人员首先要经常了解不同年龄段消费者需求和心理状态，设计店面的销售方式和语言。经营是工具，人们常讲"工欲善其事，必先利其器"，只有事先提高店面营业人员的专业知识技能和销售技巧，才有可能获取相应的回报。

（1）不断地调查和研究市场，揣摩消费者心理和需求，时刻补充符合消费者需求的木门。

（2）木门样品陈列要既艺术又丰富多样，能迅速地吸引消费者的眼球，吸引消费者踏进门店。

（3）售价合理，并在店面门口有醒目的标注。

（4）店面布置新颖、舒适、艺术，保持良好的购物环境。

（5）导购员在介绍木门时，要用通俗和简单明了的语言介绍专业知识。

（6）门店门口必须设有二维码。

（7）利用不同场合和工具做广告宣传，如微博、微信、小区、售楼处等。

10. 当前木门的营销渠道有哪些？

营销渠道是将企业所生产的木门，通过多种形式和方法让消费者接受、购买不同类型的木门。当前市场上销售木门的渠道有如下几种：

（1）零售门店（经销商门店、专卖店与企业直销门店）。

（2）建材市场、建材超市。

（3）工程（与房地产公司合作精装修房、旧房改造）。

（4）装饰公司。

（5）小区团购。

（6）奥特莱斯。

（7）网销。

11. 木门企业在工程投标中，应做哪些工作？

木门企业在获知招标信息后，为了投标应做好如下工作：

（1）在投标前应做好如下准备工作。

① 整理本公司的书面资料。

② 根据样板间和市场调查核算出具有竞争力的报价。

③ 投标文件书写。

（2）标书中应列入的内容如下。

① 公司介绍（图文并茂）。

② 法定投标人资格证明文件。

③ 授权委托书。

④ 工程量清单与报价表。

⑤ 木门数量与报价表，包括规格、材种、色泽（色号）等信息。

⑥ 配件（门锁、铰链、止门器及其他配件）的数量、型号、材料及报价。

⑦ 木门生产工艺。

⑧ 供货方式。

⑨ 预收款金额与日期。

⑩ 施工阶段日期及验收方法执行标准。

⑪ 售后服务保证事项。

⑫ 最终结算款金额，日期和质保金额回收日期。

12. 实施"团购活动"的基本流程应包括哪些？

为了保证团购活动有条不紊地开展，应抓好以下基本流程。

（1）建立某地区团购活动筹备小组。

（2）筹备小组成员应纳入当地经销商，并明确分工，向其分配的任务如下。

① 调查当地市场消费者档次、目标群体。

② 推出的产品内容、价格。

③ 宣传资料的准备与发放及媒体联系。

④ 产品配送。

⑤ 团购活动中内容策划。

⑥ 礼品准备。

⑦ 团购地点的选择、布置。

⑧ 费用预算。

（3）团购活动开展之日。

① 为了保证团购活动开始之日，销售达到预期效果，应在开展活动之前通过不同的媒体与门店宣传，做好该活动预约登记与确认工作，并通过各种奖励，吸引消费者积极参加。

② 专人负责接待消费者与专业介绍产品。

③ 专车接送目标客户（消费者），安排专人在展厅做专业介绍。

④ 设立专家或领导现场咨询与签字。

⑤ 专人负责预订签单。

⑥ 专人负责现场摄影。

（4）团购活动日结束后的后期工作。

① 不折不扣地兑现团购中的承诺。

② 利用短信、微信等通信工具进行客户回访，并做书面总结入档。

③ 将图文总结纳入企业宣传手册中。

第二节　微营销

13. 何谓微营销？

上班族和学生，企业高层和普通员工，大家在对待同一事物的观念和认识上有千差万别，但是由于互联网及智能化的作用使大家在消费观念及生活方式上殊途同归。

随着互联网产业的快速发展，以网络为传播平台的营销行业发展迅猛，通过互联网，消费者足不出户就能买遍全世界的产品。

随着电子商务的发展和完善，微营销随之悄然兴起，微营销其实是一个比较笼统的词，广义上讲是通过手机方式进行的电子商务交易，从狭义上解释是指通过微博、微信等信息传播工具来做的微营销活动。

14. 试述微营销的特点。

微营销是通过微信和微博平台进行营销活动的，所以它具有如下特点。

（1）营销成本低廉。传统营销推广成本高，而微信等软件一般是免费使用的，使用各种功能都不收费。

（2）营销定位精确、准确。微信公众号可以通过后台的用户分组和地域控制，实现精确而准确的消息传送。

（3）营销方式多元化。微营销既可用文字，也可用语言，或两者混合编辑。注册的普通公众账号，可以群发文字、图片、语音三个类别的内容。而通过认证的账号拥有的权限更高，能传送更漂亮的图文信息，尤其是语言和视频，使营销方式更生动、更有趣。

（4）营销方式不扰民、人性化。

（5）用户可以许可式选择和接受。

（6）潜在客户数量多，而且营销信息准确到达率高，我国手机网民数量已达 6 亿，网络购物用户数量已达 3 亿以上。每一条信息都是以通知信息发送，所以传播到达率极高。

15. 何谓微营销系统？

在以市场为主导的今天，消费者需求也从过去的单一化转变为普遍化、多样化需求。在这个新旧交替的时期，企业的营销组合也在逐渐转变，传统的营销是 4P 组合，即产品（product）、渠道（place）、促销（promotion）、价格（price），电子商务时代的是 4C 组合，即客户（customer）、便利（convenience）、沟通（communication）、成本（cost）。这样的转变就使传统的推式促销策略变为现代的拉式沟通策略。商品销售价格的制定是以消费者能够接受的购物成本为基础。

微营销系统就是微博、微信、微电商，这是微营销最好的工具，这三个工具的综合应用，就叫微营销系统，简称为微系统。

16. 什么是微营销系统运营？微营销采用何工具运营？

每个木门企业或公司都有运营部或与之类似的部门。运营部的作用，就是让本公司的木门产品在市场中流动起来，即在木门生产出来后把木门发到营销点卖出去，让消费者使用该木门。要使消费者对本企业或公司生产的木门认可，又从消费者认可到消费者愿意购买木门，这一系列的过程，就是企业营销运营过程。

为了要把企业的运营做好，就得有操作的平台（也可称操作工具），该工作实际的工具就是微博、微信、微电商，这三者也是最简单、最方便、最快捷、成本最低的微营销运营工具。有了运营工具，再策划出一套运营方法，就能使企业在市场中获得可观的份额。

17. 为什么说微营销是一个体验式营销渠道？

网站不能进行体验式营销，是因为网站必须输入网址才能打开，所以它不能任意把木门产品、商家与用户连接起来，而微营销就能通过微信或微博把商家和消费者连接起来。

目前，各种网购APP已成为人们（特别是中年、青年）的主要消费方式，消费者无论是先进入木门的实体店，还是先在手机里看到消费活动，都是获得了商品信息。人们就会直接查看电子商城里的价格和优惠活动，再到实体木门营销门市部察看木门品质和外观，然后再到离家最近的门店购买，或去性价比最高的电子商城下单购买。进门店消费时，消费者会根据门店要求成为移动电子商城的会员，直接获得会员优惠。所以说微营销，也是一个体验式营销渠道。

18. 试述公众平台在微信营销中的作用。

微信营销主要借助公众平台，公众平台中有订阅号和服务号两种类型，其主要功能有三个：一是群发推送，也就是公众号主动向用户推送重要通知或趣味内容；二是自动回复，也就是用户根据指定关键字，主动从公众号中提取常规消息；三是一对一交流，也就是公众号针对消费者用户的特殊疑问，为用户提供一对一的对话解答服务。

19. 如何做好微营销？

做好微营销的问题关键是要重视和解决好以下几点。

（1）营销的产品要货真价实，即销售的产品确实是宣传所称的正品，不是山寨货，物超所值，而且有专卖店，要让消费者买得放心。

（2）要让消费者能方便地买到你的产品。

（3）让消费者可以迅速买到和拿到你的产品。

（4）设计增值服务，比如送优惠券、礼品等。

上述四个内容中前三个内容是根本。

20. 企业做微信营销，为什么要申请多个公众号？

企业做微信营销，必须要有三个以上的微信公众号，这三个号可以是同一个名字，不过用途不一样，一个是服务号，另外两个是订阅号，三个号的名字相同，但邮箱是不相同的。

服务号的可操作功能比订阅号多，订阅号做不了销售，它只能发资讯，所以每个企业必须有一个服务号用来做促销活动，企业所有推广产品的活动都可以通过这个服务号进行。

真正做微信营销时，不是在微信里发大量信息，而是搞活动，如做有奖转发活动，吸引更多人参与。活动是维系从用户到企业间关系的核心。如果没有活动，商家很难与用户连接。想要推广产品，吸引用户关注，就要做好活动，因此一个企业必须有三个以上的公众号。

企业用户在申请公众号时，应由企业总经理自己申请服务号，因为微信公众号中服务号是对接销售的，是企业的核心。如果企业为了省事，就直接让员工申请，而公司一直在推广这个服务号，邮箱和说明书全用这个号，这个号中有几千甚至上万个用户。员工离职，认为"这是我申请，是我自己的"，不愿意转让给企业，这种情况屡屡发生。所以最好由企业总经理自己申请公众号，这样谁也带不走这个号。也就是说，企业的公众号，一定要归属到企业管理。

微营销就是将企业生产的木门推向市场，为此一些木门企业设立了专卖店，进行各种宣传活动。当消费者踏入你设立的木门专卖店时，导购员就开始讲解各种型号木门的特点和价格，但他没有购买就离店而走，这样企业就失去了一个客户。而利用微信营销服务，企业就可以在每个门店设立二维码，在与客户沟通并体验各种门时，建议客户在门店扫二维码。

用户在门店体验，对产品印象不错，扫了二维码，就会吸引他再次查询购买。即使有的消费者没踏进门店，只要他在门店口扫了二维码，他回家后也会通过二维码得到信息，观看后感兴趣会再次专程踏进门店购买木门。所以客户的微信与门店相结合的关键是二维码。

第七章

木门安装与售后服务

第一节 木门安装

1. 木门现场主要安装哪些构件?

木门的质量除了木门扇本身加工质量精度与表面装饰质量外,木门的正确安装,是确保质量及其使用效果的关键。木门的安装是一项琐碎而复杂的工程,因此企业必须配备专业的安装工人,其安装的构件如下。

(1) 组装门框,即将门框的边框、上框、中横框、配件等组成木门框,如图 7-1 所示。

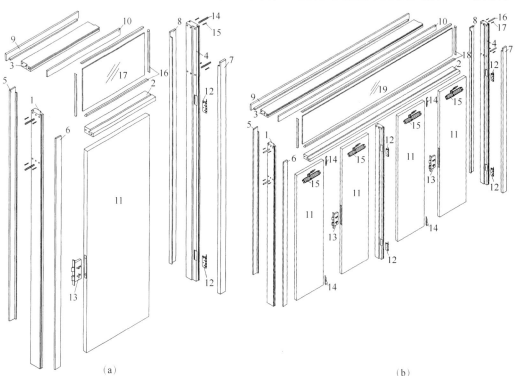

(a)

1—左边框;2—中横框;3—上框;4—右边框;
5~8—左右边框贴脸(筒子板);
9,10—上框贴脸(筒子板);11—门扇;
12—合页(铰链);13—锁;14—圆棒;
15—木螺钉;16—玻璃压条;17—上亮玻璃

(b)

1—左边框;2—中横框;3—上框;4—右边框;
5~8—立边贴脸(筒子板);9,10—杩头贴脸(筒子板);
11—门扇;12—合页;13—锁;14—暗插销;15—闭门器;
16—圆棒;17—木螺钉;18—玻璃压条

图 7-1 典型门框结构
(a) 单扇门各部件名称;(b) 双扇门各部件名称

(2) 安装门扇,将门扇与门框合页连接固定。

(3) 安装锁具。

(4) 安装门口线。

(5) 安装门吸。

2. 木门安装工人应具备哪些基本素质?

木门安装的工人上岗前,必须经过培训。安装工人必须做到"一二三四三"规范，即：

一证：持上岗证，工人必须通过培训、考核后才向其发证。

二严：严格执行安装工序，严格达到安装验收标准。

三齐：安装工人必须穿工作服，外表整齐、工具齐、辅料齐。

四不准：不准做与安装无关的事，不准在安装现场抽烟，不准收取客户钱与物，不准说与安装无关的话。

三服从：服从工长领导，服从监理规范监督，服从客户合理要求。

3. 在工地如何验收木门产品质量？

木门运到现场后，应由安装木门负责人和业主共同对木门进行如下检查和验收：

(1) 检查包装箱是否完整无损；

(2) 检查拆包后门框门扇有无磕角、翘扭、劈裂等损坏；

(3) 检查门扇表面油漆色泽与尺寸规格是否与合同订单相同；

(4) 用手摸门扇表面漆膜是否平整、饱满；

(5) 用肉眼斜视门扇是否横平竖直；

(6) 闻拆包后是否有特殊难闻刺鼻的气味；

(7) 清点产品配件数与书面说明书是否一致。

4. 安装木门工地现场应具备哪些条件才能施工？

(1) 木门须在安装洞口的地面工程（如地砖、石材）完毕，且在墙面腻子刮完、打磨平整后安装，若墙面有需贴墙砖、石材处的洞口，应全部贴齐洞口侧边才能安装。

(2) 若安装洞口墙体湿度过大，应在安装墙体上做好防潮隔离层后，才能安装木门。

(3) 安装现场环境，必须清扫干净、无杂物、无交叉作业。

5. 木门常用的安装方法有哪些？各有何特点？

木门常用的安装方法有立口式和塞口式两种，如图 7-2、图 7-3 所示。

(1) 立口式也称站口式，是指墙体施工时，先把门框立在相应位置，将门框外侧的羊角（横杆）和木拉砖牢固连接，然后砌墙体，这种安装方法现在在城市中应用较少，它适用于砌体建筑中。它的优点是门框与墙体的连接紧密，如图 7-2 所示。

(2) 塞口式是指在墙体施工时，墙体预留出比门框尺寸稍大的洞口，并在洞口上预埋连接件，待墙体建筑施工交工后，就可将门框塞入洞口内固定安装，这样安装方法与木质门企业套装门生产相适应，因此应用较普遍，见图 7-3。

6. 试述木门的安装顺序。

安装工人在安装木门时，其先后的顺序如下。

(1) 组装门框，工人在铺有保护垫的地面上，把门框的上框、边框、中横框等组装成门框。

(2) 固定门框，用木楔、木撑将门框固定在门洞内，用线坠、水平尺校正门框的方正及内框的尺寸，将发泡胶注入门框与墙体之间的结构空隙内。

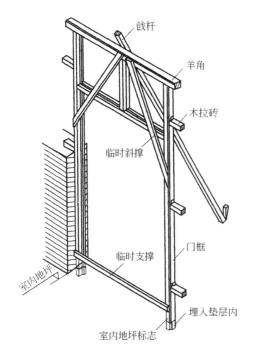

图 7-2　立口式

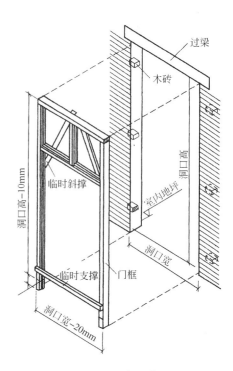

图 7-3　塞口式

（3）安装门扇，将门扇与门框用铰链（合页）连接固定。

（4）安装锁具。

（5）安装门口线。

（6）安装门吸。

7. 木门框如何组装?

门框由两个边框和一个上框组成，如图 7-4 所示。边框和上框多数是 45°斜角接合，用金属连接件接合在一起，门的边框和上框均由一个中板和两个装饰板组成，中板两侧开槽，装饰板一侧面开槽，在安装时装饰板的榫涂胶插入中板的槽中，待胶干后即连接成一体。两个装饰板中，一个是固定的，另一个是可调的。在安装时，根据墙的厚度，调节榫头插入槽中的深度，以适应墙厚度的误差，调节量为 0～20mm。在门框的一个侧边框上装铰链（安装门扇），另一侧边框上装置锁扣板，与门扇上安装的门锁相配合。

8. 如何测量门洞尺寸?

门框与门扇直接安装在门洞内，因此其尺寸量准确与否，直接影响门的安装质量。门洞主要包括三个方面的尺寸，即门洞的宽度、门洞的高度与门洞的墙体厚度。

（1）门洞的宽度。水平测量门洞左右的距离，选取五个以上的测量点进行测量，其中最小值（减门框调整余量）为门框外延宽度尺寸。

（2）门洞的高度。垂直测量门洞上下的距离，选取三个以上的测量点进行测量，其中最小值（减门框调整余量）为门框外延高度尺寸。在测量过程中要注意地面处理情况，要预留出地面铺砖或木地板材料的厚度。

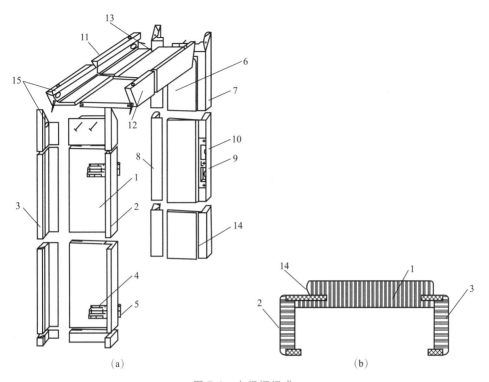

图 7-4　木门框组成

(a) 部件结构；(b) 边框截面

1—边框中板；2—边框装饰板（固定边）；3—边框装饰板（可调边）；4—铰链座；

5—铰链（安装在门柜上）；6—边框中板；7—上框装饰板（可调边）；8—上框装饰板（固定边）；

9—锁扣板；10—锁舌板；11，12—上框装饰板；13—上框中板；

14—密封条；15—角板连接孔（安装金属连接件）

（3）门洞的墙体厚度。水平测量墙体厚度，选取 5 个以上的测量点进行测量，其中最大值为墙体厚度，如果墙面还未装饰，测门洞墙体厚度需要附加装饰材料的厚度。

9. 为什么会出现木框尺寸与洞口尺寸偏差较大的情况？

木门框尺寸是依据洞口尺寸而定的，但经常出现偏差大的情况，其原因如下。

（1）施工现场建筑施工粗糙。建筑施工粗糙造成的常见问题有：洞口不方正；墙体厚度不一致；地面高低差严重。

（2）测量工具精度不够精确。

（3）测量人员不够仔细。

10. 为了保证洞口测量准确性，应注意哪几个方面？

（1）仔细观察和测量现场门洞的墙面是否垂直，是否倾斜；左右墙垛厚度是否一致，是否在一个端面，若有差异其尺寸多少。

（2）仔细观察地面是否有高度差，若有高度差建议装修工修平整。

（3）选用精度高的测量工具。

（4）测量时把测量数据精确地记录在本上（或表上）。

11. 采用立口式安装时，如何安装木门框?

（1）采用立口式安装时，木门框安装应在抹灰前进行，首先应按设计要求的水平标高、开启方向和位置线及墙宽特点，用拉杆将木门框固定牢固。

（2）在砖石墙上安装木门框时，采用长100mm的铁钉固定于砌在墙内的木砖上，每边的固定点应不少于2个，其间距应不大于1.2mm。如木框与木结构连接时，可采用扒钉固定。

采用预埋带木砖的混凝土块与木门框进行连接的轻质隔断墙，混凝土块的数量应根据门洞的高度设置，也应用铁钉使其与门框钉牢。

12. 试述采用塞口式固定木门框的方法。

（1）固定木门框前，首先检查预留洞口的尺寸是否符合设计要求，若有差异须修复合格。

（2）用铁水平尺与吊线坠校准木门框方正。

（3）将组装好的木门框，放入门洞口内，门框的背面与门洞口在同一平行面上，如图7-4所示。

（4）将木楔分别从门洞的左、右、上、下方向放入，固定木门框。

（5）采用吊线坠与水平尺校核，保持洞口的方正，要求垂直度偏差小于1mm，水平度偏差小于1mm，两对角线误差小于3mm。

（6）在门框直角连接件相对应的墙体上钻孔。常用的连接件是L形铁片，上有圆孔，将L形铁片上的圆孔紧贴墙面，用铅笔画记号。取下门框，用冲击钻在记号处的墙上钻孔，孔径8~10mm，孔深50~60mm，钻孔时冲击钻稍向内侧偏，以避免把墙体边缘打裂。

（7）在墙孔中塞入木栓固定木门框。把直径略大于孔径的木栓塞入墙体，将所有孔填满，再把刚取下的木门框放入洞口，调整框方正度，然后用木栓略固定门框，使其不晃动，然后将L形铁片的另一面用自攻螺钉与墙体上的木栓固定。若门框与墙体缝隙过大，应先在洞口两侧塞入木条，在中间空隙部分填充发泡胶后再固定门框。

（8）嵌入隔声防撞条。

13. 试述木门扇的安装方法。

（1）先确定木门扇的开启方向。

（2）确定门框里口尺寸是否正确，边角是否方正，有无踌角。检查门框里口宽度，里口宽度应测量里口的上、中、下三点，并在门扇的相应部位定点画线。

（3）将门扇靠在门框上画出相应的尺寸线，标出两面合页槽的位置。

（4）按画线剔合页槽的位置。

（5）安装上、下合页时应先拧一个螺钉，然后关上门检查缝隙是否合适、门框与门扇是否平整，无问题后方可将螺钉全部拧上且拧紧，木螺钉拧时应先钉入全长的1/3，然后拧入2/3（较重的门扇，建议安装三片合页）。

14. 如何安装门锁?

（1）在安装前仔细阅读锁盒内放置的说明书，按说明书要求安装门锁。

（2）门锁位置确定。门锁定位为门下端到锁把中心 900～1000mm 之间的高度。

（3）钻锁孔与安装锁体。钻锁孔采用对应的钻头钻孔，钻孔时不能用力过大，建议先用电钻在需镂空的门扇位置上均匀钻孔，然后再慢慢扩大，避免电钻振动过大造成门扇相应部位开裂、分层等不良后果产生。钻好后把锁体装入，再把把手、锁舌、盖板固定在门扇上。

（4）安装锁舌盒、锁片。关闭门扇，在门框侧面与锁舌对应处开锁舌盒孔，并安装锁片。

（5）检验门锁安装准确性。锁具装完，在关闭前，插入钥匙开锁，重复多次，检验门锁开关是否灵活，有无抖动现象，如有以上现象及时调整锁芯与锁孔的位置。

15. 安装门套线时应注意什么？

（1）安装门套线在业内亦称门贴脸或称安装门口线。在安装前，应先将套板槽口里面异物清理干净，清理时不能损坏槽口边角，然后将门套线装入门上框的槽口内。

（2）安装门套线（门口线）顺序。安装门套线应先安装两侧的边口线，然后安装上口线。安装门套线时要注意线条尺寸必须对齐，保证两个边口线高低一致，并与上口线缝隙处紧密接触。

（3）固定在门框上的套线应尽量紧靠墙体，若墙体不垂直或厚度不均匀会导致门套线与墙体有缝隙，缝隙需要用密封胶收口，保证既整齐美观又密封牢固。

16. 在室内湿度较大的房间内安装木门时应注意哪些问题？

在室内湿度较大的房间，如厨房、卫浴间、地下室、阳台等处安装木门时，除了应达到普通房间木门的要求外，还应注意如下三点。

（1）门框禁止直接接触地面，下方应留 2～3mm 空隙，然后用玻璃胶进行密封。

（2）厨房、卫浴门、地下室、阳台门等门框背板需做防水、防腐处理，避免木门框吸收水汽后，产生变色、发霉、表面漆膜脱落等不良现象。

（3）在门框线与墙面接触部位处均匀涂防水胶，使门框线与墙体牢固结合，若防水胶外露应及时去除。

17. 木门扇与门框安装时是否必须严丝合缝才算合格？为什么？

木门扇与门框安装在室内的小空间中，而室内干湿度随着季节变化而变化。特别是南方地区四五月份梅雨季节，整天阴雨绵绵，房间湿度很大，门扇、门框和套线都是木质的，木材固有性质是干缩湿胀，因此木门随室内湿度大时胀，湿度小而缩，所以安装时，门扇与门框若严丝合缝，无胀缩空间，将出现木门关不上等现象。所以门扇与门框之间必须留有缝隙。

北方地区也是如此，木材在冬天暖气开放时干缩，在夏天湿度大时湿胀，所以在安装时都应留有缝隙。

18. 木门与门框在安装时应留多少缝隙？

木门与木门框在安装时，门上端与门框顶板留 2～3mm 的空隙；门扇下端与地面留 5～8mm 的空隙；门与门框左右两侧缝隙，在安装合页一侧为 2～3mm，装有门锁一侧为 3～4mm；同一条直线上的门缝误差大小不应超过 1mm。

19. 隔声功能木门在安装时如何保证隔声效果?

为了保证隔声功能木门的效果,除了选用合格的隔声木门以外,在安装时应正确处理门扇与各部位的缝隙,因为任何部位的缝隙都将直接影响隔声效果。通常会采用以下具体措施来达到隔声效果。

(1) 门扇与门框的缝隙,应将弹性材料嵌入门框的凹槽中,保证门扇关闭后,能将缝隙处填满。

(2) 隔声功能门的木门扇底部与地面间应留 5mm 的缝隙,然后将 3mm 厚的橡皮条,用普通的扁铁压钉在门扇底部,与地面接触处橡皮条应伸长 5mm,封闭门扇与地面间的缝隙。

(3) 若是双扇隔声功能木门,门扇与门扇的接缝通常设置成 L 形或 T 形,在门缝处填充弹性材料,保证门扇关闭时弹性材料挤紧。

(4) 隔声门的五金件,应与隔声木门的功能相适应,合页应选用无声合页等。

20. 推拉门的安装方式有几类? 如何进行安装?

推拉门的特点是靠门扇在上、下轨道上左右横向平行移动来达到开关,该门特别适用于小空间隔断。推拉门由门扇、门框、滑轮、导轨等部件组成,有单扇、双扇、多扇等形式,可以隐藏在夹墙内或贴在墙面外。

(1) 根据门扇开启后是否可见划分推拉门的安装方式。

① 明装式推拉门。开启后,门扇贴在两侧的墙体外面,门扇可见。

② 暗装式推拉门。开启后,门扇藏在两侧的夹墙内,门扇不可见。

(2) 根据五金装置位置划分推拉门的安装方式。

根据滑轮导轨承载物位置划分为上滑式推拉门与下滑式推拉门。当门扇高度大于 4m 时多用下滑式推拉门,当门扇高度小于 4m 时采用上滑式推拉门。

(3) 推拉门安装。

① 上滑式推拉门。推拉门的上导轨承受门的载荷,要求导轨平直而且具有一定刚度,固定支架排列整齐、均匀,导轨不应过大。上导轨根据要求,可以明装或暗装,暗装式在设计时应考虑检修的便捷性。为了保证推拉门在垂直状态下稳定运行,下部应设导向装置,滑轨处应采用该措施防脱轨。在安装时应将门扇倾斜然后将滑轮(滚轮)放入轨道,如图 7-5 所示。

② 下滑式推拉门。下滑式推拉门由下导轨承受门的载荷,要求导轨平直、不变形,而且便于清理积灰。

③ 安装步骤。

a. 首先打开推拉门框包装,根据门扇数量配置滑轮,通常 1 个门扇配 2 个滑轮,装入导轨框内,如图 7-5 所示,然后将门框按说明书组装。

b. 将组装好的门框整体压入墙体,确定前后位置,固定好门框。

c. 把门扇倾斜挂在滑轨上,并根据门扇移动方向固定好门扇的定位。

d. 检查门扇推拉是否顺畅,最后清除装置中的积灰。

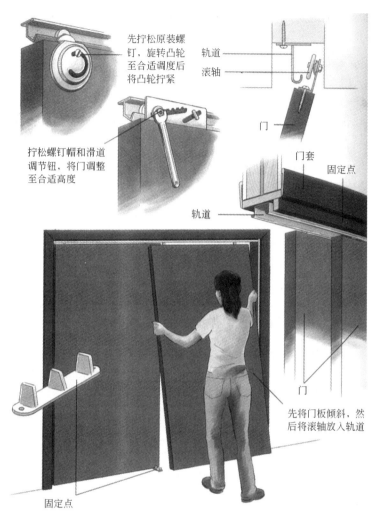

先拧松原装螺钉，旋转凸轮至合适调度后将凸轮拧紧

轨道

滚轴

门

拧松螺钉帽和滑道调节钮，将门调整至合适高度

门套

固定点

轨道

门

先将门板倾斜，然后将滚轴放入轨道

固定点

图 7-5　推拉门安装图

21. 木门在使用过程中如何维护保养？

木门的正确使用和维护保养是延长木门寿命的关键。用户在维护和保养时应按如下要求进行。

（1）室内温度、湿度控制。通常来说木门是与人居住条件相适应的，室内空气相对湿度在 40％～80％之间较合适。但在北方地区暖气开通时比较干燥，为保持室内一定湿度，可使用加湿器适当增大室内空气湿度，也可养植物、鱼来调节室内湿度，避免木门因湿度或温差过大而变形、开裂。而在南方地区梅雨季节空气湿度过大，要注意室内通风良好。

（2）表面清洁。

① 在擦拭含有玻璃的木门时，不要将水或清洁剂渗入玻璃压条缝隙中，以免压条变形，擦拭玻璃时不要用力过猛，以免玻璃损伤。

② 清除木门表面污迹时，可哈气将表面打湿，用软布擦拭，用硬布擦会将油漆划伤。污迹太重时，可采用中性清洗剂（牙膏或家具专用清洗剂）去除污迹，去污后，立即用软布擦干净，切忌用清水冲洗。

③ 浸过中性清洁剂或滴水的抹布不要在木门表面长期放置，以免损坏木门表面，使表面饰面材料变色或剥离。

（3）保护门锁和合页。不要经常用带有水渍或其他腐蚀性液体的手开启门锁，以免门锁变色或腐蚀。开启门锁或转动把手时，不要用力过猛，影响锁的使用寿命。合页、门锁是经常转动的五金配件，松动时，应立即拧紧。若合页转动时有响声，应及时注油。门锁开启不灵活时，可往钥匙孔中灌入适量的铅笔芯屑来润滑锁芯，千万不要随便在锁孔中注油，以免黏附灰尘，造成锁孔堵塞。

（4）防止门扇变形。正常情况下门扇应保持关闭状态，以防大风受到不正常撞击。在供暖时，建议让门扇处于开启状态，避免供暖使门扇两侧温度不均匀引起变形。门扇封条和包覆材料不仅具有装饰效果，还具有防潮作用，如有翘起要及时修补，以免潮气侵入致使门扇变形。

（5）避免撞击。不要在门扇上悬挂过重物品，也应避免重力倚靠门扇或悬吊在门把上摇晃以减少使用寿命。开启和关闭门扇时，力量要适度，切忌用力过猛或开启角度过大，防止木门受到不正常撞击。

22. 锁具在安装与使用过程中，应注意哪些问题？

（1）检查所开五金锁孔，是否准确无误。

（2）安装球形门锁时特别注意，不能把带有锁匙的一端拆除、安装，应该待保险的一端拆除后再安装，并在安装前仔细阅读说明书。

（3）安装执手锁时，如果左开右开能互换的锁具，互换后不会造成开门时把手往上旋转的现象产生。

（4）锁具在使用过程中应注意如下几方面维护。

① 经常保持锁体转动部位润滑，以保持其转动顺畅，并延长使用寿命。建议半年或一年检查一次，检查紧固螺钉是否松动。

② 锁头在使用过程中，定期（半年到一年）或在开锁过程中发现钥匙在插或拔不顺畅，可在锁芯的槽中抹入少许铅笔芯的粉末或者石墨粉。千万不要注入任何油脂来进行润滑，以避免油脂粘住弹子的弹簧，致使锁头不能转动，而不能开启门锁。

③ 经常检查锁体与锁扣板的配合间隙、锁舌与锁扣板的高低配合是否相适应，如发现问题，应调整门扇的铰链或锁扣板的位置，确保锁体与锁扣板的位置配合良好，确保锁具开关灵活、顺畅。

23. 在安装门扇与五金件时如何保证木螺钉不产生松动现象？

木螺钉是保证门框与门扇牢固接合的主要固定件，所以在安装时，必须使木螺钉紧固，为此，必须严格遵守以下事项：

（1）严格按照五金表配备木螺钉的尺寸。

（2）严格遵守操作规程，先把木螺钉长度的1/3打入，然后再用旋具将木螺钉全部拧入，切忌用锤子将木螺钉一次打入。

（3）若遇门框和门扇木料密度大、质地坚硬时，必须先用电钻钻孔，钻孔的深度为木螺钉长度的2/3，然后将木螺钉拧入，以免木螺钉周围木料开裂，使木螺钉拧歪或者被拧断。

24. 安装木门的平开合页时，应注意哪些事项？

平开合页是将门扇连接在门框上的转动件，因此安装时必须正确且牢固，反之将会使门扇开启与关闭中产生种种不良现象，为此必须注意以下几方面。

（1）安装前，首先要核对合页与门扇、门框尺寸与重量是否匹配。因为不同规格、不同厚度的木门，所采用的五金件（合页）的质地和规格都不一样。

（2）检查合页固定的木螺钉或其他紧固件是否配套。

（3）在安装合页时，必须在门扇与门框两面都开槽，这样不易变形或下坠。

（4）当合页的两片页板不对称时，应看清哪一片页板与门扇相连，哪一片与门框相连，与轴三段相连的一侧与门框固定，与轴两段相连的一侧与门扇固定。

（5）安装时，应保证同一门扇上的合页与轴线在同一垂直线上，以免门扇翘曲变形。

25. 木门在安装过程中，需要哪些地方进行密封处理？如何处理？

木门在安装中，需对如下部位进行密封处理。

（1）门框贴脸线与墙体接触部位进行密封处理。

木门在安装时，门框的贴脸线与墙体之间是有缝隙的，为使其密封，可打密封胶处理，注意打密封胶后，及时用湿布将边缘多余的胶液擦拭干净。

木门装在潮湿环境中，如卫生间、厨房，其门框线与贴脸线和墙体瓷砖之间的缝隙一定要用密封胶全部密实地填满，防止厨房与卫生间内的水分通过缝隙进入，导致贴脸线与筒子板受潮变形。

（2）门框贴脸线和筒子板与地面接触部分的密封处理。

在门框贴脸线和筒子板底部用厚 3mm、宽 200mm、长 100mm（视洞口的墙体厚度尺寸适当调整）的木板条垫起，木条不能露出套板，在产品安装完成后，进行打胶密封处理。打胶时，一定要使用密封胶填满缝隙，密封严实。

厨房、卫生间等环境潮湿处使用的木门，在打密封胶时必须将内侧门框贴脸线和筒子板与地面之间的密封胶与墙体部位的密封胶连成一体，形成一个内侧的密封环，避免水分浸入门的结构内。

26. 木门工程安装完毕后，采用何标准验收？安装验收有哪几项内容？

根据《建筑装饰装修工程质量验收标准》（GB 50210—2018）中的要求，在木门安装验收过程中，必须检查的项目如下。

（1）检查木门数量、型号、规格、产品合格证书是否符合设计要求。

（2）检查门框牢固度、固定点的数量、位置及固定方法，是否符合设计要求。

（3）木门其他项目安装质量与检测方法见表 7-1。

表 7-1　木门安装质量要求与检测方法

序号	项目	质量等级	质量要求	检测方法
1	门框与墙体间填塞保温材料	合格优良	基本填塞饱满均匀	肉眼观察检查
2	门扇安装	合格优良	裁口顺直、饰面平整、开与关灵活，无倒翘	肉眼观察，检查木门开启、关闭

序号	项目	质量等级	质量要求	检测方法
3	小五金安装	合格优良	位置适宜，槽边整齐，小五金齐全，规格符合要求，木螺钉拧紧位置适宜，槽深一致，边缘整齐，尺寸准确，插销开关灵活	观察，尽量用旋具拧试和检查木门开与闭
4	木门盖口条、压缝条、密封条	合格优良	尺寸一致，平直、光滑，与木门结合牢固严密	肉眼观察和尽量检查

27. 木门工程安装完毕后，采用何标准规范进行验收？验收要测哪几项？其值是多少？

木门工程安装完毕，监理或甲乙方验收时，应按以下两个标准进行质量验收并用检测工具检测。

(1)《建筑工程施工质量验收统一标准》(GB 50300—2013)。

(2)《建筑装饰装修工程施工质量验收标准》(GB 50210—2018)。

木门安装验收具体项目见表 7-2。

表 7-2　木门安装验收具体项目

序号	项目		留缝隙值/mm		允许偏差/mm		检验方法
			普通	高级	普通	高级	
1	门槽口对角线长度差		—	—	3	2	用钢尺检查
2	门框的正侧面垂直度		—	—	2	1	用1m垂直检测尺检查
3	框与扇、扇与扇接缝高低差		—	—	2	1	用钢尺和塞尺检查
4	门扇对口缝		1～2.5	1.5～2	—	—	
5	工业厂房双扇大门对口缝		2～5		—	—	
6	门扇与上框间留缝		1～2	1～1.5	—	—	用塞尺检查
7	门扇与侧框间留缝		1～2.5	1～1.5	—	—	
8	门扇与下框间留缝		3～5	3～4	—	—	
9	双层门内外框间距		—	—	4	3	用钢尺检查
10	无下框时门扇与地面间缝隙	外门	4～7	5～6	—	—	用塞尺检查
		内门	5～8	6～7	—	—	
		卫生间门	8～12	8～10	—	—	
		厂房大门	10～20	—	—	—	

第二节　木门售后服务

28. 简述木门售后服务的含义。

木门的售后服务对企业的生存和发展，具有和产品质量、技术创新同等重要的意义。

随着木门行业迅速的发展，木门企业已有万余家，在市场中木门产品的同质化，技术资源的移植化，缩小了产品竞争优势。因此，企业之间的竞争不仅是产品竞争，更重要的是服务竞争。服务包含售前、售中、售后三项服务，必须有机地联系在一起。其中售后服务是提升品牌的主要途径，正如业内广为流传的顺口溜"金杯银杯不如消费者口碑"。

售后服务质量的好坏，是满足客户对服务质量、产品品牌期望认可度的关键。特别是木门，它是一件耐用品，又属木制产品，有特有的天然属性。木门在安装完毕进入使用期时，由于四个季节的干湿度不同，木门的外形、尺寸会发生变化，若不及时处理，将会影响企业品牌声誉；若处理得当，将获得消费者良好口碑，一传十、十传百，有效地提升了品牌的知名度。

29. 木门售后服务部门投诉受理人员应具备哪些素质？

售后服务部门投诉受理人员应具备如下素质。

（1）对企业忠诚，责任心强，办事不拖拉，遇重大事故能及时、实事求是地向领导汇报。

（2）办事能力强，稳重冷静，善于思考，处理问题时不信口开河，不随便表态与许愿，处理问题能留有余地。

（3）拥有丰富的专业木门知识，对人和蔼亲切，不卑不亢，在与客人反复磋商后，再提出处理方案。

（4）对木门验收标准熟知，对其他相关标准也有一定了解。

30. 售后服务部门的日常工作包括哪些？

（1）负责公司的日常售后服务工作。

（2）负责接待客户投诉，并做详细记录。每宗投诉案例有专人负责，现场勘察分析研究，在48h内提出处理方案，通知客户，建立服务档案。

（3）负责实施客户投诉处理措施。

（4）负责售后服务档案管理。

（5）负责对客户进行跟踪服务，听取客户意见与建议，整理汇总。

（6）定期召开工作例会，互相交流工作情况。

（7）负责下属经销商、电商，提供售后服务和有关方面的技术支持。

31. 售后服务人员如何建立客户档案？包括哪些内容？

客户档案按地区区域分类、归档，主要内容包括以下几方面：

（1）客户居住城市、地址、姓名。

（2）客户投诉的问题。

（3）客户的要求。

（4）现场勘察和测试数据记录。

（5）客户投诉产生的原因与处理意见。

（6）处理后客户的满意度。

（7）建议性意见，客户认可签字。

（8）定期回访记录。

32. 售后服务人员如何有效处理客户投诉？

营销是产品加服务，而其中售后服务虽然不直接参与营销，但它是品牌扬名的重要保证，因此，必须做到以下几点。

（1）快，接到投诉后应在48h内迅速到现场勘察，决不以任何理由推诿。

（2）忍，耐心地倾听客户的意见，甚至谩骂，并做详细的书面记录。

（3）问，围绕事故提出问题，以便在分析研究时，找出问题产生的原因。

（4）提，与客户探讨处理事故的方案，提出意见与建议。

（5）谢，包括：①对给客户带来不畅表示歉意。②感谢客户对企业的信任和惠顾。③向客户表示，我们是以客户服务为中心，虚心听取客户意见，以此不断提升产品质量与服务。

33. 售后服务处理费用的类别有哪几类？

（1）免费服务。在保修期内由于木门本身的质量或安装有偏差引起的质量问题，维修、调正不收任何费用；由于客户使用不当引起的门偏斜，为维护企业品牌和提升品牌认知度，安装工人免费进行调正。

（2）有偿服务。超过保修期后维护、调正服务，适当收取费用。

（3）合同服务。依据客户与公司签订的专门维护保养合同进行服务时，按合同中条款收取费用。

34. 售后服务与售中服务应如何配合？

木门在营销中，有售前、售中、售后三项服务，三者是环环相扣的。在三项服务阶段，特别是售中不能作过分的许诺，如安装后门与门框没有缝隙等。在与消费者发生交易的过程时，企业都应保留书面文件，而且双方都应文字签字，这样在执行过程中，既显示企业规范化，又给客户留下良好的企业形象。当遇问题产生售后服务时，有文字可查，特别是当遇到客户过分挑剔、提出苛刻要求时；当媒体夸大其事宣传时，可以出示书面文件签字，保护企业自身利益，其每阶段服务文件如下：

（1）木门供货订购单（见附录11表1）；

（2）木门质量验收单（见附录11表2）；

（3）木门安装任务单（见附录11表3）；

（4）木门安装验收单（见附录11表4）；

（5）木门客户回访调查表（见附录11表5）；

（6）客户投诉处理单（见附录11表6）。

35. 试述客户投诉处理的流程。

客户投诉处理的流程大致流程如下（根据本企业情况增或减）。

（1）接受客户电话、微信或营业厅投诉；

（2）文字记录投诉内容与诉求；

（3）派人到现场勘察，查找原因；

（4）公司研究、提出处理意见；

（5）与客户协商取得双方认可方案（修、赔偿、补偿、更换、重装），并签单与签字；

（6）认可方案实施；

（7）验收结算签署意见；

（8）整理汇总存档。

36. 售后服务人员应掌握哪些标准来判断售后服务中出现的质量事故？

（1）木门的四大质量：

① 绿色环保；

② 木门产品质量；

③ 木门安装质量；

④ 木门使用与维护质量。

（2）售后服务人员应掌握以下标准：

① 绿色环保质量标准，该标准是强制性标准，其标准如下：

《室内装饰装修材料　溶剂型木器涂料中有害物质限量》（GB 18581—2009）；

《室内装饰装修材料　人造板及其制品中甲醛释放限量》（GB 18580—2017）。

② 产品质量标准：

《建筑木门、木窗》（JG/T 122—2000）；

《木质门》（WB/T 1024—2006）；

《室内木质门》（LY/T 1923—2010）。

③ 施工质量验收标准：

《建筑工程施工质量验收统一标准》（GB 50300—2013）；

《建筑装饰装修工程质量验收标准》（GB 50210—2018）。

第三节　常见事故原因及解决措施

37. 木门常见的质量投诉有哪几方面？

木门常遇的质量投诉既有由原材料质量引起的，又有加工质量、安装质量和使用不当的原因造成的质量投诉，其投诉的内容有以下几方面。

（1）木门外观质量。

① 木门外观质量包括两部分缺陷，一部分为木门本身的缺陷，另一部分是油漆的缺陷。其投诉内容有：木门表面变色，木门表面透胶和鼓泡，油漆木门表面的漆膜中有细小的砂颗粒，木门表面光泽度不佳，木门使用一段时间后漆膜起层、脱落，木质复合门使用后表面装饰层与基材之间局部处有凸起，木门使用后表面装饰局部出现波纹的现象，木门贴有装饰纸的门扇局部出现干花、湿花等现象。

② 木门整体变形引起开裂。

（2）木门加工精度不够引起安装质量问题。

木门的加工精度包括门扇与门框的加工精度，这些直接影响木门的安装和使用。

木门加工精度问题主要表现为尺寸偏差过大，致使安装的门扇和门框不平整、缝隙过大或开启与关闭不灵活，从而影响使用。

38. 木门在安装过程中常遇的安装质量问题有哪些？

安装过程中常遇的质量问题有如下几方面。

（1）门框安装不垂直。

（2）门框翘曲变形。

（3）门框与洞口的缝隙过大。

（4）门框安装不牢，有松动现象，特别是在门扇开与关过程中，若用力过猛，松动现象更为明显。

（5）门框安装位置不正确。

（6）门扇安装歪斜。

（7）门扇开启不灵活。

（8）门扇会自行开启和闭合。

（9）门扇下坠。

（10）门扇与门框配合的缝隙不均匀。

（11）门扇与门框关闭后不平整。

（12）合页安装位置不在一条直线上。

（13）插销杆与"鼻儿"不在一条直线上。

（14）推拉门滑动时滞涩。

39. 为什么木门安装后，门扇有翘曲变形现象产生？如何矫正？

（1）门扇产生翘曲现象的原因有：①木门扇出厂时，成品门扇检验不仔细，把不合格的产品（即门扇本身不在同一平面内）包装出厂；②门扇的内芯或表面薄木的含水率过大（超过12%），产生应力不均匀导致木门翘曲变形；③安装过程中，操作不规范，五金件（铰链）位置不在一条垂直线，造成门扇翘曲；④木门保管不当，在现场受风吹日晒造成门扇变形。

（2）矫正方法：①门扇安装后，对门扇翘曲度进行检测，其翘曲变形在3mm以内时，可调整门扇安装的合页，可将门扇安装合页的一边与门框相连的合页及边框（侧框）平齐，而另一边的侧边向外拉出一些；②借助门锁或插销将门扇的翘曲变形校正；③门扇本身产品质量引起只能换新门扇。

40. 木门为什么关闭后门框与门扇的缝隙不均匀？如何矫正？

（1）木门的门框与门扇之间的缝隙不均匀，就是指门扇与门框之间的缝隙有大有小，其原因有：①安装工人操作不熟练、不认真或不仔细；②门扇尺寸偏差超过标准规定值；③门框不方正。

（2）矫正方法：①缝隙小处或不均匀处可细刨扁铲稍微刮一下，将多余部分修掉；②缝隙过大或上下错开的，根据情况将门扇卸下来，修后重新安装。

41. 为什么木门使用不久后，门框有松动现象？如何解决？

（1）门扇与门框安装使用后不久，关门时发现门框有震颤现象，也就是有松动，其原因如下。

①预留门洞尺寸过大，使门框与墙体间的空隙较大，遇到这种情况，安装工人往往用加塞木垫的方法处理，但是这样处理，使钉子钉进木砖（木塞）的长度减小，降低了锁固能力，而且木垫由于在钉子钉入时容易劈裂，钉子长久使用会松动，也就使门框松动。②墙体

预留的木砖数量少，也就是间距大，致使强度不够。③木砖木楔强度不够，或者木砖本身固定不良，有松动现象。④门框与墙体间隙处，没有完全填满，有的用灰浆塞，若门框与墙体灰浆缝之间产生空隙，也易造成门框松动。

(2) 解决方法：①如果门框松动不严重，可在门框的立框内与墙缝隙中适当部位加入木楔楔紧，并用 100mm 以上的圆钉钉入立框穿过木楔，打入砖墙的水平灰缝中，将门框固定。②木砖松动或间距过大引起松动时，可在门框背后适当刻一个三角形槽，并在相应位置的墙上，也剔一个小洞，放一个铁扒锔，在小洞内浇筑混凝土，待混凝土凝固后，将凸起多余部分凿掉。③若是门边灰缝脱落，应重新做好塞灰。

42. 为什么木门安装完成后门扇开启与关闭不灵活？解决方法是什么？

(1) 门扇安装完毕后，开与关都费劲，关门时又不易关进门框的企口内，产生此问题的原因是：①在门扇安装时，上下合页的轴线不在一条垂直线上，致使门扇开关费力。②门扇安装时，预留的缝隙过小，门扇在使用中，房间湿度大，门扇就吸收空气中水分，使扇体积膨胀，门框与门扇的缝隙变小，造成启用不灵活。

(2) 解决方法：①按照门扇开关不灵活的情况，适当调整合页槽的深浅或合页的位置，使其在一直线上。②若门扇与门框间隙过小或局部处稍紧，可用细刨在局部处刨削平整，然后再补漆。③如果门框不整，先将门框与墙体断开取下门框，校正门框，经检查无误后，再重新固定在两侧的墙体上。

43. 为什么安装门扇后会自动开启或关闭？如何解决？

(1) 门扇安装后，将门扇停在某一位置，它却能慢慢关上，或者关闭后又能自行打开，其原因是：①门框安装时，不方正、有倾斜，若往开启方向倾斜，门扇就会自行打开；若往关闭方向倾斜，门扇就会自行关闭，工人把上述现象称为"走扇"。②安装合页时，合页不正、有倾斜现象，即门扇侧面的合页，不在一条垂直线上。

(2) 解决方法：①如果门框倾斜不明显，可将门扇固定在一个合页上，将另一个合页（上或下合页）松开，进行垂直线调整。②如果门框倾斜大时，必须将门框从墙侧边拆下，重新对门框进行校正，检测后才可安装。

44. 为什么门扇安装后会出现门框与门扇不平整的现象？如何解决？

(1) 门框与门扇不平整，就是指扇安装好关闭后，用肉眼观察，门扇和门框的边框不在同一平面，即门扇边缘高出门框边缘，或者门框边缘高出门扇边缘，造成此现象的原因是：①门框的边缘裁口深度不够，小于门扇边梃厚度时，使门扇的扇面高出框面，造成不平整。反之，侧门框面高出扇面。②门扇或门框的边框，两者有一个有弯曲变形，造成不平整。③安装工人操作不认真，门框裁口不顺直，局部出现凸出。

(2) 解决方法：①如果门扇的扇面高出框面不超过 2mm 时，可将门扇边梃适当刮一下，使之基本平整。②若门扇的扇面高出框面大于 2mm 时，可将边框裁口深度适当加深。使之与门扇扇面边梃厚度相吻合。③若门扇弯曲变形严重，只能更换门扇。

45. 门扇下坠的原因是什么？如何解决？

(1) 门扇下坠就是指门扇不装合页一侧的末端与地面的间隙逐渐减小，严重时开闭门扇甚至听到"嚓嚓"的声音，造成此现象的原因如下：①门扇过重，门幅过宽，而选用的合页过小，不能承受过重的重量。②合页安装的位置不当，上部合页与门扇上梃的距离过大。③门扇机加工误差过大，使榫头配合不严，在门扇的重力作用下，使榫头有松动现象，也就是行话说得蹲角现象。④合页上的木螺丝没有按操作要领，直接钉入二分之一以上再拧紧，造成门扇不牢固，门开关次数多后，有松动现象。⑤门扇上未按规定，安装五金连接件，如L形、T形的铁角。

（2）解决方法：①门扇下坠时，可以把下合页微微垫起，但注意不要影响立缝。②合页大小要匹配，不能随意更换，选用的木螺钉也要匹配。合页距门扇上或下的距离应为门扇的十分之一，并且注意避开榫头部分。③应规范安装，木螺钉用锤子先钉入三分之一，然后再全部钉入。④修刨门扇时，不装合页一侧的底面可多刨1mm，留有下坠的余地。

46. 门扇安装过程中，为什么会出现门框安装不垂直现象？如何解决？

（1）安装时门扇的侧边线与木框的侧框线不平行，而且门框在墙中倾斜。若门扇凑合安上，开启、闭合不灵活，其原因是：①安装门框时，没有用线坠检查门框方正。②门洞未做校正处理，就按门洞倾斜形将门框塞入，因此，门框沿洞口倾斜。③门框塞入门洞中后，门框固定不牢固，导致倾斜。

（2）解决方法：①先将固定的门框与墙体断开，取出门框，然后对门框进行校正，检查合格后再放入。②取出门框，校正门洞，使用混凝土修正后再放入门框。

47. 推拉门滑动时滞涩的原因是什么？如何解决？

（1）推拉门在推拉时，有不顺畅、滞涩现象，其原因是：①上下轨道或轨槽的中心线不在同一垂直面内。②门扇与门扇相隔距离过小，门扇变形导致滞涩。③推拉门五金件不匹配，滑轮过小，使其承重能力不够。

（2）解决方法：①矫正上、下轨道或轨槽的中心线，可用铅垂线校准。②更换配套的滚轮。③调整轨道与轨道的间距。

48. 安装木门的插销时，有哪些常见的不良现象？其原因是什么？如何解决？

（1）插销安装后，常见的不良现象有：①活动插杆插不进"鼻儿"里，或插入时很费劲。②插活动插杆与"鼻儿"虽然能插入，但不在同一水平面上。③插杆插入"鼻儿"空隙较大，刮风时有响动。

（2）出现上述几种情况的原因如下：①拧木螺钉时，插销摆放不垂直，有倾斜现象。②工人操作不规范。

（3）解决方法：①按安放插销的位置，调整活动杆与鼻口的位置。②检查木螺钉是否拧紧，不牢固的需要调木螺钉大小或数量。

49. 门框翘曲的原因是什么？如何避免与修正？

（1）门框翘曲是指经检验合格的门扇安装后，出现以下情况：①单扇门扇，装合页的一边与木门框平，另一边一个角与门框相平，而另一个角高出框面。②双扇门扇，装合页的一边与门框相平，而两扇门扇相接触面，不能全部靠实，其中一个角则留有空隙。

（2）上述现象产生的原因如下：①门框侧面的两个边框，不在同一个垂直平面上。②门框侧面的两个边框，有一根不垂直。③门框侧面的两个边框，向相反的两个方向倾斜。

（3）解决措施如下：①安装工安装时，要用线坠吊直，安装完毕后再次进行检查。②注意成品保护，避免门框在运输和搬运过程中互相撞击。③安装前，应先对门框进行检查，发现问题及早校正。

（4）治理方法如下：①偏差在 2mm 以内，安门扇时可以通过调整合页在边框上的位置来解决，即允许合页的一边，门扇与门框略有不平，而保证另一侧面扇与框平整。②偏差在 4mm 以上时，把不垂直的边框起出，重新调整位置，使其垂直。

附　录

附录 1 木门分类和通用技术要求摘录

表 1 木门尺寸偏差及检验方法

检验项目	尺寸偏差/mm	检验方法
门框、门扇高度	±1.5	按《门扇 尺寸、直角度和平面度检测方法》(GB/T 22636—2008)的规定进行检测
门框、门扇宽度	±1.5	
门扇厚度	±1.0	
门框、门扇对角线长度差	2.0	钢卷尺测量对角线长度，门框检量里角，门扇检量外角，计算两对角线之差，精确至 0.5mm
门扇局部平面度	±1.0	按《门扇 尺寸、直角度和平面度检测方法》(GB/T 22636—2008)的规定进行检测

表 2 木门表面理化性能要求

检验项目			试验条件及要求
漆膜	耐液性		10%碳酸钠溶液，24h；10%乙酸溶液，24h，应不低于 3 级
	耐湿热		20min，70℃，应不低于 3 级
	耐干热		20min，70℃，应不低于 3 级
	附着力		涂层交叉切割法，应不低于 3 级
	耐冷热温差		3 周期，应无鼓泡、裂缝和明显失光
	耐磨性		1000r，应不低于 3 级
	抗冲击		冲击高度 50mm，应不低于 3 级
	耐香烟灼烧		应无脱落状黑斑、鼓泡现象
软、硬质覆面	耐冷热循环		无裂缝、开裂、起皱、鼓泡现象
	耐干热		无龟裂、鼓泡现象
	耐划痕		加载 1.5N，表面无整圈连续划痕
	耐液性		10%碳酸钠溶液，24h；10%乙酸溶液，24h，应不低于 3 级
	表面耐磨性	图案	磨 100r 后应无露底现象
		素色	磨 350r 后应无露底现象
	耐香烟灼烧		应无黑斑、裂纹、鼓泡现象
	抗冲击		冲击高度 50mm，不低于 3 级
	耐光色牢度（灰色样卡）		≥4 级
	表面胶合强度		≥0.4MPa

注：表面胶合强度是指贴面、幅面与基材的胶结合强度。

附录2 《建筑木门、木窗》(JG/T 122—2000)摘录

表1 木门、木窗用木材的材质要求

缺陷名称		允许限度	门窗框 上框、边框(立边及坎)			木板门扇(纱门窗) 上梃、中梃、下梃、边梃(立边、帽头)			门芯板		
			I(高级)	II(中级)	III(普级)	I(高级)	II(中级)	III(普级)	I(高级)	II(中级)	III(普级)
节子	活节	不计算的节子尺寸不超过或材宽的	1/4	1/3	2/5	1/5	1/4	1/3	10mm	15mm	30mm
		计算的节子尺寸不超过材宽的	2/5	1/2	1/2	1/3	1/3	1/2	—		
		计算的节子的最大直径不超过/mm	40	—	—	35	—	—	25	30	45
		大面表面贯通的条状节在小面的直径不超过;小面表面贯通的条状节在大面的直径不超过	1/4	1/3	2/5	不许有	1/5	1/4	不许有		
	死节	不计算的节子尺寸不超过或材宽的	1/4	1/4	1/3	1/5	1/4	1/3	5mm	15mm	30mm
		计算的节子尺寸不超过材宽的	1/3(2/5)	2/5(2/5)	2/5(1/2)	1/4(1/4)	1/3(2/5)	2/5(1/2)	—		
		计算的节子的最大直径不超过/mm	35(40)	—	—	30(35)	—	—	20(25)	25(30)	40(45)
		大面表面贯通的条状节在小面的直径不超过;小面表面贯通的条状节在大面的直径不超过	1/5	1/4	1/3	不许有	1/5	1/4	不许有		
	贯通节	大面贯通至小面不超过大面的或不超过;小面贯通至小面不超过小面的或不超过	1/3	2/5	2/5	1/4	1/3	2/5	不许有		
	允许个数	每米长的个数(门芯板为每平方米个数)	6	7	8	4	6	7	5	5	7
裂纹		贯通裂长度不超过/mm	60	80	100	不许有			不许有		
		未贯通的长度不超过材长的	1/4	1/3	2/5	1/6	1/5	1/4	不许有		
		未贯通的深度不超过材厚的	1/4	1/3	1/2	1/4	1/3	2/5	不许有		
斜纹		不超过/%	20	25	25	15	20	20	20	25	25
变色		不超过材面的/%	25	不限		25	不限		20	不限	
夹皮		长度不超过/mm	50	不限		50	不限		不许有	同死节	
		每米长的条数不超过	1			1					
腐朽		正面不许有,背面允许有面积不大于20%,其深度不得超过材厚的	1/10	1/5	1/4	不许有			不许有		
树脂囊(油眼)		—	同死节			同死节			同死节		
髓心		—	不露出表面的允许			不露出表面的允许			不露出表面的允许		
虫眼		直径3mm以下的其深度不超过5mm者不计;直径3.1~8mm的(包括长度在35mm以下者),每100cm²内的允许数:I级3个,II级4个,III级5个;直径8.1mm以上的(包括长度在35mm以上者)同死节									

附录

缺陷名称		允许限度	窗扇（纱窗扇）亮窗扇 上梃、中梃、下梃、边梃			夹板门及模压门内部零件			横芯、竖芯、斜撑等小零件		
			I（高级）	II（中级）	III（普级）	I（高级）	II（中级）	III（普级）	I（高级）	II（中级）	III（普级）
节子	活节	不计算的节子尺寸不超过材宽的	1/4	1/4	1/3	—			1/4	1/4	1/3
		计算的节子尺寸不超过材宽的	1/3	1/3	1/2	1/2	1/2	不限	1/3	1/3	2/5
		计算的节子的最大直径不超过/mm	—			—			—		
		大面表面贯通的条状节在小面的直径不超过；小面表面贯通的条状节在大面的直径不超过	不许有	1/4	1/4	1/3	1/3	1/3	不许有		
	死节	不计算的节子尺寸不超过材宽的	1/5	1/4	1/3				1/5	1/4	1/4
		计算的节子尺寸不超过材宽的	1/4 (1/4)	1/3 (2/5)	2/5 (1/2)	1/3 (1/3)	1/3 (1/2)	1/2 (1/2)	1/4	1/3	1/3
		计算的节子的最大直径不超过/mm	—			—			—		
		大面表面贯通的条状节在小面的直径不超过；小面表面贯通的条状节在大面的直径不超过	不许有	1/5	1/5	1/4	1/4	1/4	不许有		
	贯通节	大面贯通至小面不超过大面的或不超过；小面贯通至小面不超过小面的或不超过	不许有	1/4	1/3	1/3	1/3	1/3	不许有	5mm	7mm
	允许个数	每米长的个数（门芯板为每平方米个数）	4	6	7	不影响强度者不限			4	5	6
裂纹		贯通裂长度不超过/mm	不许有			不许有			不许有		
		未贯通的长度不超过材长的	1/7	1/5	1/5	1/3	1/3	不限	1/8	1/6	1/4
		未贯通的深度不超过材厚的	1/4	1/3	2/5	1/2	1/2	不限	1/4	1/3	1/3
斜纹		不超过/%	15	15	20	20	20	20	10	15	15
变色		不超过材面的/%	25	不限		不限			25	不限	
夹皮		长度不超过/mm	30	不限		不限			同死节		
		每米长的条数不超过	1								
腐朽		正面不许有，背面允许有面积不大于20%，其深度不得超过材厚的	不许有			不许有			不许有		
树脂囊（油眼）		—	同死节			胶接面不许有，其余不限			同死节		
髓心		—	不露出表面的允许			允许			不许有		
虫眼		直径 3mm 以下的其深度不超过 5mm 者不计；直径 3.1～8mm 的（包括长度在 35mm 以下者），每 $100cm^2$ 内的允许数：I级 3 个，II级 4 个，III级 5 个；直径 8.1mm 以上的（包括长度在 35mm 以上者）同死节									

表 2　木门、木窗用材的含水率　　　　　　　　　　%

零部件名称		Ⅰ（高）级	Ⅱ（中）级	Ⅲ（普）级
门窗框	针叶材	≤14	≤14	≤14
	阔叶材	≤12	≤14	≤14
拼接零件		≤10	≤10	≤10
门扇及其余零部件		≤10	≤12	≤12

注：南方高湿地区含水率的允许值可比表内规定加大 1%。

表 3　木门、木窗用人造板的等级

材料名称	Ⅰ（高）级	Ⅱ（中）级	Ⅲ（普）级
胶合板	特、1	2、3	3
硬质纤维板	特、1	1、2	3
中密度纤维板	优、1	1、合格	合格
刨花板	A 类优、1	A 类 1、2	A 类 2 及 B 类

附录 3　《木质门》（WB/T 1024—2006）摘录

表 1　木质门允许偏差和检验方法

项目	允许偏差/mm	检验方法
框、扇厚度	±1.0	用千分尺检查
框高度与宽度	＋3.0；＋1.5	用钢尺检查
扇高度与宽度	−1.5；−3.0	用钢尺检查
框、扇对角线长度差	3.0	用钢尺检查，框量里角，扇量外角
框、扇截口与线条结合处高低差	1.0	用钢直尺和塞尺检查
扇表面平整度	2.0	用 1m 靠尺和塞尺检查
扇翘曲	3.0	在检查平台上，用塞尺检查
框正、侧面安装垂直度	1.0	用 1m 垂直检测尺检查
框与扇、扇与扇接缝高低差	1.0	用钢直尺和塞尺检查

表 2　木质门留缝限制和检验

项目		留缝限值/mm	检验方法
门扇与上框间留缝		≥1.5	
		≤4.0	
门扇与侧框间留缝		≥1.5	
		≤4.0	
门扇与地面间留缝	外门	≥4.0	用塞尺检查
		≤6.0	
	内门	≥6.0	
		≤8.0	
	卫生间	≥8.0	
		≤10.0	

表 3　装饰面贴面表面外观要求

缺陷名称	缺陷范围	公称范围		
		框	门扇	
			纵横框	门芯板
麻点	直径 1mm 以下（距离 300mm）	不限	2 个	5 个
麻面	均匀颗粒，手感不刮手	不限		
划伤	宽度≤0.5mm，深度不划破 PVC 饰面长 100mm	3 条	1 条	2 条
压痕	凹陷深度≤1.5mm、宽度 2mm 以下，不集中	8 个	3 个	6 个
浮贴	粘贴不牢	不允许		
褶皱	饰面重叠	不允许		
缺皮	面积不超过 5mm²	5 个	3 个	不允许
翘皮	凸起不超过 2mm	不限	5 个	不允许
亮影/暗痕	面积不超过 50mm²	不限	2 处	3 处
离缝	拼接缝隙	≤1mm	≤0.5mm	≤1mm

表 4　漆饰表面外观要求

名称	要求
漆膜划痕	不明显
漆膜鼓泡	不允许
漏漆	不明显
污染（包括凹槽线型套色部分）	不允许
针孔	色漆，直径≤0.3mm，每片门表面≤8 个；面漆，不允许
表面漆膜皱皮	≤门板总面积的 0.2%
透砂	不明显
漆膜粒子及凹槽线型部分	手感光滑
套色线型结合部分塌边	套色线型分界线流畅、均匀、一致
色差	一般允许

表 5　全实木榫拼门用木材的质量要求

木材缺陷		门扇的立梃冒头，中帽头	压条、线条	门芯板	门框
活节	不计个数，直径/mm	<15	<5	<15	<15
	计算个数，直径/mm	≤材宽的 1/3	≤材宽的 1/3	≤30	≤材宽的 1/3
	任一延米个数	≤3	≤2	≤3	≤5
死节		允许，计入活节总数	不允许	允许，计入活节总数	—
髓心		不露出表面的，允许	不允许	不露出表面的，允许	—
裂缝		深度及长度≤厚度及材长的 1/5	不允许	允许可见裂缝	深度及长度≤厚度及材长的 1/4
斜纹的斜率/%		≤7	≤5	不限	≤12
油眼		非正面，允许			
其他		浪形纹理、圆形纹理、偏心及化学变色，允许			

附录4 《室内木质门》（LY/T 1923—2010）摘录

表 1 门扇、门框允许偏差

项目	允许偏差
门框、门扇厚度	±0.5mm
门扇宽度	±1.0mm
门扇高度	±1.0mm
门框部件连接处高低差	≤0.5mm
门扇部件拼接处高低差	≤0.5mm
门框、门扇垂直度和边缘直度	≤1.0mm/1m
门扇表面平整度	≤1.0mm/500mm
门扇翘曲度	≤0.15%

表 2 木门的组装精度

项目		留缝限值/mm
门扇与上框间留缝		1.5～3.5
门扇与边框间留缝		1.5～3.5
门扇与地面间留缝	卫生间门	8.0～10.0
	其他室内门	6.0～8.0
门框与门扇、门扇与门扇接缝高低差		≤1.0
门扇厚度大于50mm时，门扇与边框间留缝限值应符合设计要求		

表 3 实木门及实木复合门的外观质量

检验项目			门扇	门框
装饰性		视觉	材色和花纹美观	
		花纹一致性	花纹近似或基本一致	
材色不匀、变褪色		色差	不明显	
死节、孔洞、夹皮、树脂道等	半活节、死节、孔洞、夹皮和树脂道、树胶道	每平方米板面上缺陷总个数	4	
	半活节	最大单个长径/mm	10，小于5不计，脱落需填补	20，小于5不计，脱落需填补
	死节、虫孔、孔洞	最大单个长径/mm	不允许	5，小于3不计，脱落需填补
	夹皮	最大单个长径/mm	10，小于5不计	30，小于10不计
	树脂道、树胶道、髓斑	最大单个长径/mm	10，小于5不计	30，小于10不计
腐朽			不允许	
裂缝		最大单个宽度/mm	0.3，且需修补	
		最大单个长度/mm	100	200
拼接离缝		最大单个宽度/mm	0.3	0.3
		最大单个长度/mm	200	300
叠层		最大单个宽度/mm	不允许	0.5
鼓泡、分层			不允许	

检验项目		门扇	门框
凹陷、压痕、鼓包	最大单个面积/mm²	不允许	100
	每平方米板面上的个数		1
补条、补片	材色、花纹与板面的一致性	不易分辨	不明显
毛刺沟痕、刀痕、划痕		不明显	不明显
透砂	最大透砂宽度/mm	3，仅允许在门边部位	8，仅允许在门边部位
其他缺损		不影响装饰效果	
加工波纹		不允许	
漆膜划痕*		不明显	
漆膜流挂*		不允许	
漆膜鼓泡*		不允许	
漏漆*		不明显	
污染（包括凹槽线型部分）		不允许	
针孔*		色漆，直径小于等于0.3mm，且少于等于8个/门	
表面漆膜皱皮*		不能超过门扇或门框总面积的0.2%	
漆膜粒子及凹槽线型部分*		手感光滑	
框扇线型结合部分		框扇线型分界线流畅、均匀、一致	
色差		不明显允许	一般允许
颗粒、麻点*		不允许	直径小于等于1.0mm，且少于等于8个/框

注：1. 实木门不测叠层、鼓包、分层、拼接离缝。
2. 素板门不测油漆涂饰项目。
3. 表面为不透明涂饰时，只测与油漆有关的检验项目。打"＊"号为油漆涂饰项目。

表 4 木质复合门（PVC、装饰纸、浸渍胶膜纸饰面）外观质量

缺陷名称	门扇	门框
色泽不均	轻微允许	不明显
颜色不匹配	明显的不允许	
鼓泡	不允许	任意1m²内小于等于10mm²，允许1处
鼓包	不允许	
皱纹	轻微允许	不明显
疵点、污斑	任意1m²板面内小于等于3mm²，允许1处	任意1m²板面内3～30mm²，允许1处
压痕	轻微	最大面积不超过15mm²，每平方米板面不超过3处
划痕	不允许	宽度不超过0.5mm，长度不超过100mm，每平方米板面总长不超过300mm
局部缺损、崩边	不允许	
表面撕裂	不允许	
干、湿花	不允许	
透底、透胶	不允许	轻微允许
表面孔隙	不允许	

注：1. 轻微指正常视力在距离板面0.5m以内可见，不明显指在距板面1m可见，明显指在1m以外可见。
2. 干、湿花是对浸渍胶膜纸饰面门的要求。

表 5 木门表面理化性能

项目	指标值
表面胶合强度	≥0.4MPa
表面抗冲击	凹痕直径小于等于 10mm，且试件表面无开裂、剥离等
漆膜附着力	≥3 级
漆膜硬度	≥HB
表面耐洗涤液	无褪色、变色、鼓泡和其他缺陷

注：1. 非油漆涂饰的门不检测漆膜附着力、漆膜硬度。

2. 实木门不测表面胶合强度。

3. 木蜡油、开放漆等涂饰的门不测漆膜附着力、漆膜硬度。

表 6 门的启闭次数

适用范围	启闭次数
家庭用	≥25000
公共场所用	≥100000

附录 5 《防火门》（GB 12955—2008）摘录

表 1 按耐火性能分类

名称	耐火性能		代号
隔热防火门（A 类）	耐火隔热性≥0.50h；耐火完整性≥0.50h		A0.50（丙级）
	耐火隔热性≥1.00h；耐火完整性≥1.00h		A1.00（乙级）
	耐火隔热性≥1.50h；耐火完整性≥1.50h		A1.50（甲级）
	耐火隔热性≥2.00h；耐火完整性≥2.00h		A2.00
	耐火隔热性≥3.00h；耐火完整性≥3.00h		A3.00
部分隔热防火门（B 类）	耐火隔热性≥0.50h	耐火完整性≥1.00h	B1.00
		耐火完整性≥1.50h	B1.50
		耐火完整性≥2.00h	B2.00
		耐火完整性≥3.00h	B3.00
非隔热防火门（C 类）	耐火完整性≥1.00h		C1.00
	耐火完整性≥1.50h		C1.50
	耐火完整性≥2.00h		C2.00
	耐火完整性≥3.00h		C3.00

中国木门 300 问

表 2　钢质材料厚度   mm

部件名称	材料厚度
门扇面板	≥0.8
门框板	≥1.2
铰链板	≥3.0
不带螺孔的加固件	≥1.2
带螺孔的加固件	≥3.0

表 3　尺寸极限偏差

名称	项目	极限偏差/mm
门扇	高度 H	±2
	宽度 W	±2
	厚度 T	±2
门框	内裁口高度 H'	±3
	内裁口宽度 W'	±2
	侧壁宽度 T'	±2

表 4　形位公差

名称	项目	公差
门扇	两对角线长度差 $\lvert L_1-L_2 \rvert$	≤3mm
	扭曲度 D	≤5mm
	宽度方向弯曲度 B_1	<2‰
	高度方向弯曲度 B_2	<2‰
门框	内裁口两对角线长度差 $\lvert L_1'-L_2' \rvert$	≤3mm

附录6　《木复合门》(JG/T 303—2011)摘录

表 1　木材含水率要求

序号	检验材料	含水率要求
1	不露出表面的木材小枋	8%～15%
2	不露出表面的木材板材	8%～当地木材平衡含水率
3	露出表面的木材	8%～12%

表 2　人造板含水率要求

序号	检验材料	含水率要求
1	中密度纤维板	4%～13%
2	刨花板	4%～13%
3	胶合板	6%～16%

表3 门扇、门框外形尺寸允许偏差

序号	项目	尺寸允许偏差/mm			备注
		高	宽	厚	
1	门扇	±2	±1	±1	门扇外口尺寸为标志尺寸
2	门框	±2	±1	—	门框里口尺寸为标志尺寸
3	门框侧壁宽度	±0.3			配对时适用
4	门框槽口深度	+1.0 −0.5			—
5	门框槽口宽度	±0.3			—

表4 门扇形位偏差

项目	指标			
	对角线差/mm	整体扭曲平面度/mm	整体弯曲平面度/‰	局部平面(直)度/mm
门扇	≤2.0	≤3.0	≤1.5	≤0.2

表5 门框形位偏差

项目	指标				
	对角线差/mm	扭曲平面度/mm	边框、上框长方向弯曲平面度/‰	侧壁宽方向弯曲平面度/‰	局部平面(直)度/mm
门框	≤2.0	≤4.0	≤4.0	≤3.0	≤0.2

表6 外观质量

序号	检验项目		要求
1	饰面材料品种、纹理、拼花图案		符合设计图纸或样板的要求
2	装饰单板	拼接离缝	最大单个宽度≤0.3mm，最大单个长度≤200mm
3		叠层	不允许
4		鼓泡、分层	不允许
5		补条、补片	不易分辨
6		毛刺沟痕、刀痕、划痕	不明显
7		透胶、板面污染	不允许
8		透砂	不允许
9	漆膜	色差	不明显
10		褪色、掉色	不允许
11		皱皮、发黏、漏漆	不允许
12		漆膜涂层	应平整光滑、清晰，无明显粒子、胀边现象；应无明显加工痕迹、划痕、雾光、白棱、白点、鼓泡、油白、流挂、缩孔、刷毛、积粉和杂渣。缺陷处不超过4处（若有一个检验项目不符合要求时，应按一个不合格计数）

序号	检验项目		要求
13	软、硬质材料覆面	污斑	同一板面外表，允许 1 处，面积为 3～30mm²
14		划痕、压痕	不明显
15		色差	不明显
16		鼓泡、龟裂、分层	不允许
17	装饰线条	腐朽材、树脂囊	不允许
18		外形	均匀、顺直、凹凸台阶匀称；割角拼接严密
19	扇	开启方向	符合设计要求
20		底缘	可不贴封边材料，宜用涂料封闭

表 7　门扇、门框表面理化性能要求

序号	检验项目		要求
1	漆膜	附着力	涂层交叉切割法，不应低于 3 级
2		抗冲击	冲击高度 50mm，不应低于 3 级
3	软、硬质材料覆面	耐划痕	加载 1.5N，表面无整圈连续划痕
4		抗冲击	冲击高度 50mm，不应低于 3 级
5	表面胶合强度		≥0.4MPa

注：表面胶合强度是指贴面、覆面材料与基材的胶合强度。

表 8　力学性能要求

序号	检验项目	要求
1	门扇启闭力	启闭灵活，门扇开启力和关闭力不大于 49N
2	门扇反复启闭性能	反复启闭不少于 10 万次，启闭无异常，使用无障碍
3	软重物体撞击试验	30kg 沙袋撞击后保持良好完整性，锁具、铰链等无松动脱落

表 9　特殊性能要求

序号	项目	指标
1	保温性能	GB/T 8484—2008 中第 4 章分级
2	空气声隔声性能	GB/T 8485—2008 中第 4 章分级

表 10　装配要求及检验方法

序号	项目	留缝限值/mm	允许偏差	检验方法
1	门框里口对角线差	—	2	用精度为 1mm 钢卷尺检验
2	门扇与门框、门扇与门扇接缝高低差	—	1	用精度为 0.02mm 的游标卡尺检验
3	双扇门对口缝	1.5～2.5	—	用精度为 0.1mm 塞尺检验
4	门扇与上框间留缝	1.0～2.0	—	用精度为 0.1mm 塞尺检验
5	门扇与边框间留缝	1.5～3.0	—	用精度为 0.1mm 塞尺检验
6	门扇与下框间留缝	3～5	—	用精度为 0.5mm 塞尺检验
7	无下框的门扇与地面间留缝	4～8	—	用精度为 0.5mm 塞尺检验
8	企口门扇与门框外表面间留缝	1.0～2.0	—	用精度为 0.1mm 塞尺检验
9	横、竖贴脸 45°接缝高低差	0.2	—	用靠尺和精度为 0.1mm 塞尺检验

注：1. 企口门应符合序号 2、4、5 项要求。
　　2. 平口门应符合序号 8 项要求。

附

录

附录7 《室内装饰装修材料 溶剂型木器涂料中有害物质限量》（GB 18581—2009）摘录

项目	限量值				
	聚氨酯类涂料		硝基类涂料	醇酸类涂料	腻子
	面漆	底漆			
挥发性有机化合物（VOC）含量[①]/（g/L）	光泽（60°）≥80,580 光泽（60°）<80,670	670	720	500	550
苯含量/%	≤0.3				
甲苯、二甲苯、乙苯含量总和[①]/%	30		≤30	≤5	≤30
游离二异氰酸酯（TDI、HDI）含量总和[②]/%	0.4		—	—	≤0.4（限聚氨酯类腻子）
甲醇含量[①]/%	—		≤0.3	—	≤0.3（限硝基类腻子）
卤代烃含量[①·③]/%	≤0.1				
可溶性重金属含量（限色漆、腻子和醇酸清漆）/（mg/kg）	铅（Pb）		≤90		
	镉（Cd）		≤75		
	铬（Cr）		≤60		
	汞（Hg）		≤60		

注：① 按产品明示的施工配比混合后测定。如稀释剂的使用量在某一范围内时，应按照产品施工配比规定的最大稀释比例混合后进行测定。

② 如聚氨酯类涂料和腻子规定了稀释比例，由双组分或多组分组成时，应先测定固化剂（含游离二异氰酸酯预聚物）的含量，再按产品明示的施工配比计算混合后涂料中的含量。如稀释剂的使用量在某一范围内时，应按照产品施工配比规定的最小稀释比例进行计算。

③ 包括二氯甲烷、1,1-二氯乙烷、1,2-二氯乙烷、三氯甲烷、1,1,1-三氯乙烷、1,1,2-三氯乙烷、四氯化碳。

附录8 我国各省（区）、直辖市木材平衡含水率值

表1 我国各省（区）、直辖市木材平衡含水率值

省市名称	木材平均平衡含水率/%	省市名称	木材平均平衡含水率/%
黑龙江	13.0	青海	10.0
吉林	12.5	甘肃	10.3
辽宁	12.0	宁夏	9.6
新疆	9.5	陕西	12.8

省市名称	木材平均平衡含水率/%	省市名称	木材平均平衡含水率/%
内蒙古	10.2	广东	15.2
山西	10.7	海南（海口）	16.4
河北	11.1	广西	15.2
山东	12.8	四川	13.1
江苏	15.3	贵州	15.8
安徽	14.6	云南	14.1
浙江	15.5	西藏	8.3
江西	15.3	北京	10.6
福建	15.1	天津	11.7
河南	13.5	上海	14.8
湖北	15.2	重庆	15.9
湖南	15.9		

表 2　我国 155 个主要城市木材平衡含水率气象值　　　　　%

省名	地名	月份												年平均
		1	2	3	4	5	6	7	8	9	10	11	12	
黑龙江	呼玛			13.0	10.7	10.0	12.7	14.9	16.0	14.5	12.7	14.3		13.6
	嫩江			13.4	10.5	10.4	12.5	15.5	16.0	14.7	13.0	14.5		14.0
	伊春		15.1	13.0	10.9	11.0	13.5	15.6	16.8	15.4	13.2	14.8		14.2
	齐齐哈尔	14.9	13.5	11.0	9.6	10.0	11.5	13.9	14.4	13.9	12.2	12.8	14.2	12.7
	鹤岗	13.2	12.2	10.7	9.7	10.3	12.2	15.5	15.9	13.7	11.2	12.3	13.4	12.5
	安达	15.6	14.0	11.5	9.6	9.5	11.2	14.0	14.3	13.1	12.7	13.2	14.8	12.8
	哈尔滨	15.6	14.5	12.0	10.5	9.7	11.9	14.7	15.5	13.9	12.6	13.3	14.9	13.3
	鸡西	14.2	13.2	12.0	10.5	10.6	13.4	14.8	16.2	14.6	12.4	12.4	14.2	13.3
	牡丹江	15.3	13.7	12.2	10.6	10.7	13.3	14.8	15.8	14.6	13.3	13.6	14.9	13.6
吉林	吉林	15.7	14.8	12.8	11.2	10.6	12.9	15.6	17.0	14.9	13.7	14.0	14.9	14.0
	长春	14.5	13.0	11.2	10.1	9.8	12.2	15.0	15.8	13.8	12.3	13.1	14.1	12.9
	敦化	14.3	13.5	12.4	11.0	11.4	14.5	13.8	14.1	15.3	13.3	13.6	14.2	13.5
	四平	14.4	12.9	11.2	10.3	9.8	12.4	15.4	16.0	14.3	12.9	13.2	13.0	13.0
	延吉	13.0	11.9	11.0	10.5	11.1	13.9	15.8	16.2	14.9	13.0	12.8	13.2	13.1
	通化	15.8	14.2	13.0	11.0	10.8	13.6	15.8	16.6	15.6	13.9	14.6	15.0	14.2

省名	地名	月份												年平均
		1	2	3	4	5	6	7	8	9	10	11	12	
辽宁	阜新	11.6	10.5	9.7	9.5	9.2	11.9	14.4	14.8	12.7	12.1	11.8	11.5	11.6
	抚顺	15.1	13.7	12.4	11.5	12.2	13.0	15.0	16.0	14.5	13.4	13.6	14.9	13.8
	沈阳	13.5	12.2	10.8	10.4	10.1	12.6	15.0	15.1	13.7	13.1	12.7	12.9	12.7
	本溪	13.4	12.4	11.0	9.7	9.5	11.6	14.1	14.7	13.5	12.5	12.7	13.7	12.4
	锦州	11.2	10.4	9.7	9.7	9.7	12.6	15.3	15.0	12.4	11.6	10.9	10.6	11.6
	鞍山	13.0	11.9	11.2	10.2	9.6	11.9	14.6	15.6	13.4	12.6	12.7	12.7	12.5
	营口	12.9	12.3	11.7	11.3	11.1	13.0	15.0	15.3	13.4	13.4	13.0	13.0	13.0
	丹东	12.4	12.0	12.5	12.9	14.1	6.8	19.4	18.3	15.3	14.0	13.0	12.7	14.5
	大连	12.0	11.9	11.9	11.5	12.0	15.2	19.4	17.3	13.3	12.3	11.9	11.8	13.4
新疆	克拉玛依	16.8	15.3	11.0	7.4	6.3	5.9	5.6	5.4	6.8	8.8	12.6	16.1	9.8
	伊宁	16.8	16.9	14.8	11.0	10.7	10.9	10.8	10.2	10.5	11.9	14.9	16.9	13.0
	乌鲁木齐	16.8	16.0	14.4	9.6	8.5	7.7	7.6	8.0	8.5	11.1	15.2	16.6	11.6
	吐鲁番	11.3	9.3	7.1	5.8	5.5	5.6	5.7	6.4	7.4	9.2	10.3	12.5	8.0
	哈密	13.7	10.5	7.8	6.1	5.7	6.1	6.2	6.4	6.9	8.1	10.3	12.7	8.4
青海	祁连	10.0	9.8	9.5	9.8	10.9	11.0	12.9	13.0	12.6	11.3	10.9	10.4	11.1
	大柴旦	9.5	9.1	7.1	6.6	7.3	7.6	8.0	7.9	7.6	7.6	8.4	9.3	8.0
	西宁	10.7	10.0	9.4	10.2	10.7	10.8	12.3	12.8	13.0	12.8	11.8	11.4	11.3
	共和	9.3	10.1	8.1	8.7	9.9	10.6	12.0	12.3	12.3	11.8	10.4	10.0	10.5
	格尔木	9.6	8.0	6.9	6.4	6.6	6.7	7.2	7.3	7.3	7.6	8.8	9.4	7.7
	同仁	9.0	9.2	9.1	9.7	11.0	11.9	13.3	12.8	13.5	12.4	11.4	9.4	11.0
	玛多	11.6	11.2	10.5	10.2	11.1	11.9	12.9	13.0	12.8	12.8	11.3	11.8	11.8
	玉树	9.6	9.1	8.9	9.6	10.8	10.5	13.4	13.7	13.9	12.4	10.1	9.3	10.9
甘肃	安西	11.6	9.9	7.5	6.6	6.2	6.4	6.9	7.1	6.9	7.6	9.6	11.6	8.2
	玉门镇	11.7	10.0	8.1	6.8	6.4	7.0	8.2	7.9	7.5	8.1	9.4	11.3	8.5
	敦煌	11.0	9.6	7.6	6.9	6.8	7.0	7.7	8.8	7.8	8.4	10.1	11.4	8.6
	酒泉	11.7	10.7	10.3	7.6	7.2	7.7	9.1	9.7	8.7	9.0	10.0	11.7	9.4
	张掖	12.1	10.7	9.3	8.3	8.6	9.1	10.1	10.2	10.4	10.9	11.8	12.6	10.3
	兰州	12.1	10.8	9.8	9.5	9.5	10.8	11.9	12.8	13.3	12.8	13.3		11.3
	天水	12.3	12.5	11.7	11.5	11.6	11.5	13.5	14.0	15.7	15.7	14.8	13.8	13.2
宁夏	石嘴山	10.6	9.7	8.8	8.5	8.6	8.7	10.3	11.2	10.8	11.1	11.3	11.4	10.1
	银川	12.4	11.0	10.3	9.4	9.2	10.7	11.6	13.0	12.6	12.5	13.0	13.4	11.5
	盐池	9.7	10.0	8.8	8.6	8.2	10.3	10.6	12.2	11.6	11.6	10.7	11.1	10.1
	中宁	10.4	9.7	9.0	8.6	9.0	10.0	10.6	12.0	12.2	11.8	11.9	11.3	10.5
	同心	10.5	9.6	8.8	8.7	8.7	13.4	10.2	11.5	12.0	12.3	11.8	11.2	10.3
	固原	10.8	11.1	10.8	10.8	10.7	12.1	13.6	14.2	14.7	14.5	13.1	11.6	12.2

省名	地名	月份												年平均
		1	2	3	4	5	6	7	8	9	10	11	12	
陕西	榆林	11.9	12.0	9.9	9.3	8.7	8.9	11.1	12.5	12.0	12.3	12.2	12.7	11.1
	延安	11.2	11.0	10.7	10.3	10.5	10.7	13.7	14.9	14.8	13.8	13.0	12.2	12.2
	宝鸡	12.6	12.8	12.6	12.9	12.2	10.3	12.7	13.3	15.7	15.6	14.7	14.0	13.3
	西安	13.2	13.5	12.9	13.4	13.2	10.0	12.9	13.7	15.9	15.8	15.9	14.5	13.7
	汉中	15.4	15.1	14.6	14.8	14.4	13.4	15.1	15.9	17.6	18.4	18.6	17.7	15.9
	安康	13.8	12.4	12.8	13.5	13.6	12.1	13.7	13.2	15.2	16.0	16.9	14.8	14.0
内蒙古	满洲里		15.4	12.7	9.6	8.9	10.0	13.4	14.2	12.9	12.2	14.1		12.7
	海拉尔			15.1	11.2	9.7	11.1	13.6	14.5	13.6	12.7	13.9		13.8
	博克图		14.6	11.7	10.1	9.1	12.4	15.6	16.0	13.6	12.0	13.8	15.5	13.3
	呼和浩特	12.0	11.3	9.2	9.0	8.3	9.2	11.6	13.0	11.9	11.9	11.7	12.1	10.9
	根河			14.3	14.0	11.0	13.0	16.5	16.5	15.6	14.0	16.4		14.7
	通辽	11.7	10.3	9.3	8.8	8.5	11.2	13.6	14.2	12.4	11.4	11.3	11.6	11.2
	赤峰	10.1	9.8	8.8	7.4	7.6	9.8	12.0	12.5	10.7	9.8	9.8	10.1	9.9
山西	大同	11.0	10.5	9.7	8.9	8.5	9.8	12.0	13.0	11.0	11.2	10.7	10.9	10.6
	阳泉	9.2	9.6	10.0	9.0	8.6	9.7	9.1	14.8	12.7	11.8	10.5	9.7	10.4
	太原	10.6	10.4	10.2	9.4	9.5	10.1	13.1	14.5	13.8	12.9	12.6	11.6	11.6
	晋城	10.9	11.2	11.6	11.2	10.7	10.8	14.7	15.4	14.2	12.8	11.9	10.9	12.2
	运城	11.4	11.0	11.2	11.6	11.0	9.5	12.7	12.6	13.6	13.4	14.2	12.5	12.1
河北	北京	9.6	10.2	10.2	9.3	9.4	10.7	14.6	15.6	13.0	12.6	11.6	10.4	11.4
	天津	10.8	11.3	11.2	10.2	10.0	11.7	14.8	14.9	13.3	12.6	12.5	11.8	12.1
	承德	10.1	9.8	9.1	8.2	8.4	10.6	13.3	13.9	12.1	11.3	10.7	10.6	10.7
	张家口	10.3	10.0	9.2	8.3	7.9	9.4	12.2	13.2	10.9	10.4	10.3	10.5	10.2
	唐山	10.6	10.9	10.6	10.1	9.7	11.5	15.2	15.6	13.1	12.8	12.0	11.2	12.0
	保定	11.3	11.5	11.3	9.8	9.8	10.2	14.0	15.1	13.1	13.2	13.4	12.4	12.1
	石家庄	10.7	11.3	10.7	9.4	9.6	9.8	14.0	15.6	13.1	12.9	12.8	12.0	11.8
	邢台	11.7	11.6	11.1	10.3	9.9	10.0	14.3	16.0	13.8	13.4	13.5	12.9	12.4
山东	德州	12.1	12.2		10.3		9.6		15.2	13.0	13.2	12.2		
	济南	10.9	11.2	11.1	9.3	9.5	9.3	14.0	9.8	9.9	10.9	10.0	11.6	10.1
	青岛	13.5	13.6	12.9	12.9	10.7	15.5	19.2	18.2	15.2	14.4	14.5	14.6	14.8
	兖州	12.9	12.5	11.4	10.8	10.7	10.4	15.2	15.5	14.0	12.9	13.7	13.6	12.8
	临沂	12.2	12.5	12.0	11.7	11.6	12.4	16.8	15.8	14.3	12.8	13.2	13.0	13.2
江苏	徐州	13.4	13.0	12.4	12.4	11.9	11.7	16.2	16.3	14.6	13.4	13.9	14.0	13.6
	上海	14.9	16.0	15.8	15.5	13.6	17.3	16.3	16.1	16.0	15.6	15.6	15.6	15.6
	连云港	13.4	13.5	12.6	12.3	12.0	12.8	15.8	15.1	14.0	13.0	13.6	13.6	13.5
	镇江	13.7	14.4	14.6	14.9	14.6	14.6	16.2	16.1	15.7	14.2	14.7	14.2	14.8
	南通	15.5	16.4	16.6	16.6	16.4	16.9	18.0	18.0	16.9	15.4	15.9	15.6	16.5
	南京	14.4	14.8	14.7	14.5	14.6	14.6	15.8	15.5	15.6	14.5	15.2	15.0	14.9
	武进	15.1	15.7	15.8	16.1	15.9	15.6	16.1	16.5	16.9	15.4	15.9	15.9	15.9

附录

省名	地名	月份												年平均
		1	2	3	4	5	6	7	8	9	10	11	12	
安徽	蚌埠	14.2	14.1	14.1	13.6	13.0	12.2	15.0	15.2	14.8	13.7	14.3	14.4	14.1
	阜阳	13.5	13.4	13.9	14.3	13.8	12.0	15.5	15.5	14.8	13.6	13.6	13.9	14.0
	合肥	14.9	14.8	14.8	15.1	14.6	14.4	15.8	15.0	15.0	14.1	15.0	15.0	14.9
	芜湖	15.5	16.0	16.5	15.8	15.5	15.1	15.9	15.4	15.7	15.0	16.0	15.9	15.7
	安庆	14.6	15.3	15.8	15.7	15.5	15.1	15.0	14.4	14.6	13.9	14.8	15.0	15.0
	屯溪	15.7	16.3	16.5	16.0	16.1	16.4	14.8	14.7	15.0	15.4	16.4	16.7	15.8
浙江	杭州	16.0	17.1	17.4	17.0	16.8	16.8	15.5	16.1	17.8	16.5	17.1	17.0	16.8
	定海	13.6	15.0	15.7	17.0	18.0	19.5	18.5	16.5	15.2	13.9	14.1	14.1	15.9
	鄞州区	15.6	17.0	17.2	17.0	16.7	18.3	16.5	16.1	17.7	16.8	17.0	16.6	16.9
	金华	14.8	15.6	16.5	15.4	15.5	16.0	13.3	13.4	14.4	15.1	15.1	15.9	15.0
	衢州	16.0	16.8	17.1	16.0	16.1	16.3	14.1	13.9	14.4	14.5	15.5	16.1	15.6
	温州	14.7	16.5	18.0	18.3	18.5	19.4	16.0	16.5	16.8	15.0	14.9	14.9	16.8
江西	九江	15.0	15.6	16.5	16.0	15.8	15.7	14.1	14.4	14.8	14.5	15.1	15.2	15.2
	景德镇	15.4	16.1	16.9	16.0	16.6	16.8	15.0	14.8	14.4	15.0	15.5	16.2	15.7
	南昌	15.0	16.6	17.5	16.9	16.5	16.2	13.9	13.9	14.1	13.9	15.0	15.2	15.4
	萍乡	17.6	19.3	19.0	17.8	17.0	16.2	13.8	14.8	15.6	16.0	18.0	18.3	17.0
	赣州	14.9	16.5	17.0	16.5	15.3	15.5	12.8	13.3	13.1	13.2	14.6	15.4	14.8
福建	南平	15.7	16.4	16.1	15.9	16.0	16.8	14.1	14.5	14.9	14.9	15.8	16.4	15.6
	福州	14.2	15.6	16.6	16.0	16.5	17.2	14.8	14.9	14.9	13.4	13.7	13.9	15.1
	龙岩	13.8	15.0	15.8	15.2	15.4	16.8	14.5	14.8	14.3	13.5	13.7	13.9	13.7
	厦门	13.9	15.3	16.1	16.5	17.4	17.6	15.8	15.4	14.0	12.4	12.9	13.6	15.1
台湾	台北	18.0	17.9	17.2	17.5	15.9	16.1	14.7	14.7	15.1	15.4	17.0	16.9	16.4
河南	开封	13.0	13.2	12.7	12.0	11.6	10.8	15.1	15.9	14.3	13.8	14.5	13.8	13.4
	郑州	12.0	12.6	12.2	11.6	10.8	9.7	14.0	15.1	13.4	13.0	13.4	12.3	12.5
	洛阳	11.4	12.0	11.9	11.6	10.8	9.7	13.6	14.9	13.4	13.3	13.4	12.0	11.3
	商丘	14.3	14.0	13.5	13.0	12.1	11.4	15.5	15.8	14.8	14.0	14.4	14.6	14.0
	许昌	12.4	12.7	12.9	12.8	12.1	10.5	14.8	15.5	14.0	13.5	13.6	13.0	13.2
	南阳	13.5	13.2	13.4	13.6	13.0	11.4	15.1	15.2	13.8	13.8	14.3	13.9	12.9
	信阳	15.0	15.1	15.1	14.9	14.4	13.5	15.5	15.9	15.5	15.1	15.8	15.4	15.1
湖北	宜昌	14.8	14.5	15.4	15.3	15.0	14.6	15.6	15.1	14.1	14.7	15.6	15.5	15.0
	汉口	15.5	16.0	16.9	16.5	15.8	14.9	15.0	14.7	14.7	15.0	15.9	15.5	15.5
	恩施	18.0	17.0	16.8	16.0	16.1	15.1	15.5	15.1	15.4	17.3	19.0	19.8	16.8
	黄石	15.4	15.5	16.4	16.5	15.5	15.1	14.4	14.7	14.5	14.5	15.4	15.8	15.3
湖南	岳阳	15.4	16.1	16.9	17.0	16.1	15.5	13.8	14.8	15.0	15.3	15.9	15.8	15.6
	常德	16.7	17.0	17.5	17.4	16.1	16.0	15.0	15.5	15.4	16.0	16.8	17.0	15.0
	长沙	16.4	17.5	17.6	17.4	16.6	15.5	13.5	13.8	14.6	15.2	16.2	16.6	15.9
	邵阳	15.6	17.0	17.1	17.0	16.6	15.2	13.6	13.9	13.3	14.4	15.9	15.8	15.5
	衡阳	16.4	18.0	18.0	17.2	16.0	15.1	12.8	13.4	13.2	14.4	16.1	16.6	15.6
	郴县	17.6	19.2	18.0	16.8	16.5	14.8	12.5	14.2	15.7	16.4	18.0	18.9	16.6

省名	地名	月份												年平均
		1	2	3	4	5	6	7	8	9	10	11	12	
广东	韶关	13.8	15.5	16.0	16.2	15.6	15.5	13.8	14.4	13.7	13.0	13.5	14.0	14.6
	汕头	15.5	17.0	17.5	17.5	17.9	18.5	17.0	17.0	16.2	15.0	15.3	15.4	16.7
	广州	13.1	15.5	17.3	17.5	17.5	18.0	17.0	16.5	13.5	13.4	12.9	12.8	15.6
	湛江	15.4	18.8	20.2	18.9	16.5	17.0	15.8	16.5	15.7	14.4	14.6	15.0	16.6
	海口	18.2	19.8	19.0	17.5	16.6	17.0	16.0	18.0	18.0	16.7	17.0	17.7	17.6
	西沙	15.0	15.6	16.0	15.8	15.6	17.0	17.0	17.0	17.5	15.8	16.0	15.0	16.1
广西	桂林	13.7	15.1	16.1	16.5	16.0	15.5	14.7	15.1	13.0	12.8	13.7	13.6	14.7
	梧州	13.5	15.5	17.0	16.6	16.4	16.5	15.4	15.8	14.8	13.2	13.6	14.1	15.2
	南宁	14.4	15.8	17.5	16.5	15.5	16.1	16.0	16.1	14.8	13.9	14.5	14.3	15.5
四川	阿坝	11.1	11.2	11.1	11.3	12.5	14.2	15.5	15.6	15.8	14.6	12.8	11.6	13.1
	绵阳	15.4	15.2	14.5	14.1	13.5	14.5	16.5	17.1	16.6	17.4	19.0	16.6	16.7
	万州	17.5	15.8	15.9	15.6	15.8	15.9	15.4	15.0	16.0	18.0	18.0	18.6	16.5
	成都	16.3	17.0	15.5	15.3	14.8	16.0	17.6	17.7	18.0	18.8	17.5	18.0	16.9
	雅安	15.6	16.1	15.2	14.5	14.0	13.8	15.1	15.5	17.0	18.5	17.5	17.5	15.9
	重庆	17.0	15.7	14.9	14.5	15.0	15.2	14.2	13.6	15.3	18.2	18.0	18.1	15.8
	乐山	16.1	17.0	15.2	14.6	14.8	15.5	17.0	17.1	17.5	18.7	18.0	17.6	16.6
	宜宾	17.0	16.9	15.1	14.6	14.8	15.6	16.6	16.0	16.9	19.1	16.5	17.0	16.5
贵州	同仁	15.4	15.5	16.0	16.0	16.6	16.0	15.0	15.1	14.5	16.0	16.2	15.8	15.7
	遵义	16.6	16.5	16.4	15.4	15.9	15.4	14.6	15.3	15.4	17.9	17.6	18.0	16.3
	贵阳	16.0	15.9	14.7	14.2	15.0	15.1	14.9	15.0	14.6	15.7	16.0	16.1	15.3
	安顺	17.7	17.6	15.4	14.5	15.6	15.9	16.5	16.6	15.5	17.5	17.1	18.0	16.5
	榕江	14.7	15.1	15.2	15.2	16.1	16.8	17.0	16.9	15.2	15.9	16.1	15.7	15.8
云南	丽江	9.0	9.3	9.4	9.6	10.7	14.6	16.5	17.5	17.0	14.4	11.5	10.2	12.5
	昆明	13.2	11.9	10.9	10.3	11.8	15.3	17.0	17.7	16.9	17.0	15.0	14.3	14.3
西藏	昌都	8.4	8.5	8.3	8.6	9.3	11.2	12.1	12.8	12.5	11.1	9.1	8.8	10.1
	拉萨	7.0	6.7	7.0	7.6	8.1	9.9	12.6	13.4	12.3	9.5	8.2	8.1	9.2
	日喀则	7.2	5.7	6.1	6.2	7.1	9.5	12.4	13.8	11.8	9.9	7.5	7.6	8.7
	江孜	6.1	5.8	6.5	7.1	8.1	9.8	12.5	14.3	12.5	8.9	7.5	6.9	8.0

 附 录

附录9 《装饰单板贴面人造板》（GB/T 15104—2006）摘录

表1 装饰面外观质量要求

检量项目			装饰单板贴面人造板等级		
			优等	一等	合格
装饰性	视觉		材色和花纹美观		
	花纹一致性（仅限于有要求时）		花纹一致或基本一致		
材色不匀、变褪色	色差		不易分辨	不明显	明显
活节	阔叶树材	最大单个长径/mm	10	20	不限
	针叶树材		5	10	20
死节、孔洞、夹皮、树脂道等	半活节、死节、孔洞、夹皮和树脂道、树胶道	每平方米板面上缺陷总个数	不允许	4	4
	半活节	最大单个长径/mm	不允许	10，小于5不计，脱落需填补	20，小于5不计，脱落需填补
	死节、虫孔、孔洞	最大单个长径/mm	不允许		5，小于3不计，脱落需填补
	夹皮	最大单个长度/mm	不允许	10，小于5不计	30，小于10不计
	树脂道、树胶道	最大单个长度/mm	不允许	15，小于5不计	30，小于10不计
腐朽			不允许		
裂缝、条状缺损（缺丝）	最大单个宽度/mm		不允许	0.5	1
	最大单个长度/mm			100	200
拼接离缝	最大单个宽度/mm		不允许	0.3	0.5
	最大单个长度/mm			200	300
叠层	最大单个宽度/mm		不允许		0.5
鼓泡、分层			不允许		
凹陷、压痕、鼓包	最大单个面积/mm^2		不允许		100
	每平方米板面上的个数				1
补条、补片	材色、花纹与板面的一致性		不允许	不易分辨	不明显
毛刺沟痕、刀痕、划痕			不允许	不明显	不明显
透胶、板面污染			不允许		不明显
透砂	最大透砂宽度/mm		不允许	3，仅允许在板边部位	8，仅允许在板边部位
边角缺损	基本幅面尺寸内		不允许		
其他缺损			不影响装饰效果		

注：装饰面的材色色差，需贸易双方确认。需要仲裁时应使用测色仪器检测，"不易分辨"为总色差小于1.5；"不明显"总色差为1.5～3.0；"明显"为总色差大于3.0。

表 2　装饰单板贴面人造板的物理力学性能要求

检验项目	各项性能指标值的要求	
	装饰单板贴面胶合板、装饰单板贴面细木工板等	装饰单板贴面刨花板、装饰单板贴面中密度纤维板等
含水率/%	6.0～14.0	4.0～13.0
浸渍剥离试验	试件贴面胶层与胶合板或细木工板每个胶层上的每一边剥离长度均不超过25mm	试件贴面胶层上的每一边剥离长度均不超过25mm
表面胶合强度/MPa	≥0.40	
冷热循环试验	试件表面不允许有开裂、鼓泡、起皱、变色、枯燥，且尺寸稳定	

表 3　装饰单板贴面人造板的甲醛释放限量

级别标志	限量值		备　注
	装饰单板贴面胶合板、装饰单板贴面细木工板等	装饰单板贴面刨花板、装饰单板贴面中密度纤维板等	
E0	≤0.5mg/L	—	可直接用于室内
E1	≤1.5mg/L	≤9.0mg/100g	可直接用于室内
E2	≤5.0mg/L	≤30.0mg/100g	经处理并达到 E1 级后允许用于室内

附录 10　128 种木材名总表

序号	木材名称	材色、特点及密度	评价	主要产地	市场名、误导名
1	硬槭木	心材为红褐色，边材色浅。纹理直，结构细而匀，有光泽，强度高，干缩性小，不易起翘。射线分宽窄两类。木材重量中至重。是体育场馆地板首选	较好	北美洲	枫木、红影
2	软槭木	心材为浅褐色，边材色浅。有光泽，切面常见"雀眼"图案，纹理直，结构细而匀，质轻软，强度及韧性适中，易切削。木材重量轻至中。涂饰、胶黏、磨光性良好，材软不耐磨，干燥较慢	较差	北美洲	枫木
3	任嘎漆	心材为浅红褐色，有时有黑色条纹。结构略粗至颇细，均匀。重量中至重，气干密度通常 0.6～0.8g/cm³。干缩甚小，纹理交错，干燥慢，有扭曲	较好	东南亚地区	紫檀、印尼花梨、檀香紫檀
4	重盾籽木	心材为橘红褐灰色，与边材区别明显。木材有光泽，干燥后无味，纹理直或斜，结构细且均匀，木材重，干缩大，强度高。管孔肉眼可见，主为单管孔。气干密度 0.91～0.95g/cm³	一般	热带南美及中美洲	象牙木
5	红盾籽木	心材为玫瑰红色，久则呈黄褐色或褐色，与边材区别常不明显。管孔放大镜下可见，主为单管孔，木材光泽弱，无气味，略带苦味，纹理直或交错，波浪状，结构甚细而匀，木材重量中至重。干缩中至大，强度高。气干密度 0.75g/cm³。耐腐性高，染色抛光、胶合性能佳。心材难做防腐处理	较好	巴西及阿根廷	金红檀

序号	木材名称	材色、特点及密度	评价	主要产地	市场名、误导名
6	桤木	心材为浅黄白色或浅褐带红；与边材区别不明显。具聚合射线。气干密度 $0.43\sim0.53\text{g/cm}^3$。涂饰、胶黏、磨光性良好。材软，易裂、易锯刨，干缩大	较差	亚洲、欧洲、温带北美洲等	缅甸榉木
7	桦木	心材为浅黄、黄褐或褐色，与边材区别不明显。具光泽，纹理直至斜，均匀，重量硬度强度中，富弹性，干缩小。气干密度 $0.55\sim0.75\text{g/cm}^3$。加工性能良好，切面光滑，易黏和，染色磨光，不耐腐	较好	亚洲、欧洲及北美洲	樱桃木
8	重蚁木	木材为橄榄褐色略具深或浅色条纹。光泽弱，无味，纹理直或交错，结构细至略粗，均匀，木材有油腻感。木材甚重干缩甚大，较耐腐。气干密度大于 0.9g/cm^3。加工难，稳定性好，强度高，干燥易且迅速。略有翘曲，开裂表面硬化	较好	中美及南美洲	紫檀、红檀、喇秋
9	蚁木	木材为浅褐色，略带橄榄色或红色。略有光泽，无味，纹理直或交错，结构细至略粗，重量中等，干缩中至大，强度中，气中干。气干密度 $0.6\sim0.7\text{g/cm}^3$。耐候性，稳定性好。轻微的面裂变形，不耐腐，易受虫害，染色胶合性好	较好	巴西、圭亚那、苏里南、墨西哥、委内瑞拉等	紫檀、依贝
10	硬丝木棉	心材为红褐色，边材灰白色。具光泽，无味，纹理直，结构略粗，木材重量中等，干缩甚大，强度高。干燥须小心，否则变形或开裂。气干密度约 0.72g/cm^3。耐腐性差，握钉力强，胶合性佳	较差	南美洲亚马孙地区	
11	缅茄木	心材为褐色至红褐色。木材具光泽，无味，纹理交错，结构细，略均匀，木材重，干缩大。气干密度约 0.8g/cm^3。强度高，干燥慢，干燥性能良好，无开裂变形，耐腐性强，抗白蚁	较差	加纳、喀麦隆、缅甸及泰国	非洲柚木
12	双雄苏木	木材为褐色。木材具光泽，无味，纹理直或交错，木材重，干缩甚大，强度高。气干密度约 0.8g/cm^3	一般	热带西非	藏青檀
13	铁苏木	心材为黄褐色，久则变深；与边材区别明显。边材近白色。具光泽，无味，纹理直至波状，结构细且均匀，干缩甚大，木材重，强度中等。气干密度约 0.83g/cm^3。耐腐，加工易，切面光滑	较好	阿根廷、巴西、委内瑞拉及秘鲁	金檀木、金象牙、彩象牙
14	红苏木	心材为红褐色，具不规则深色条纹；边材色浅。具光泽，无味，结构甚细，均匀，木材重，干缩小，强度高。气干密度 $0.73\sim0.9\text{g/cm}^3$。干燥慢，几乎不开裂和翘曲，很耐腐，锯困难，胶黏性良好	较好	热带非洲	罗得西亚柚木、赞比亚红木

中国木门 **300** 问

序号	木材名称	材色、特点及密度	评价	主要产地	市场名、误导名
15	短盖豆	心材为黄褐，略带紫或红褐色。具光泽，无味，纹理直至交错，结构细而匀，干缩甚大，木材重，强度中等。气干密度通常大于 $0.6g/cm^3$。干燥速度慢至中，稍有变形，但开裂严重，耐腐中等，抗害虫、抗蚁中等	一般	西非至中非地区	古柚、帝龙木
16	喃喃果木	心材为多为红褐色，与边材区别明显。具光泽，无味，纹理直至交错，结构细匀，木材重，干缩中等，强度高。气干密度多大于 $0.9g/cm^3$。干燥慢，表面和端面有开裂倾向，但不翘曲，耐腐，抗虫危害	一般	巴布亚新几内亚、印尼等非洲与东南亚地区	墨玉木、红玉木
17	摘亚木	心材为褐色至红褐色。木材光泽强，无味，纹理直至略交错，结构细而匀，木材重至甚重。气干密度多大于 $0.8g/cm^3$。干缩大至甚大，强度高，干燥慢，耐腐	较好	马来西亚、印度尼西亚、加蓬、巴西等国家	柚木王、格兰吉
18	双柱苏木	心材为黄褐至红褐色。光泽强，无味，纹理直至略交错，结构粗糙而均匀，木材中至重。气干密度 $0.73\sim0.79g/cm^3$。干缩甚大，强度高，干燥快，有端裂面裂，很耐腐，耐候，钉钉困难	一般	苏里南、法属圭亚那、巴西等	美柚、南美红檀、圭亚那柚木
19	木荚苏木	心材为褐至红褐色。光泽强，无味，纹理通常直，结构略粗，均匀，木材重，干缩小至中，强度高。气干密度约 $0.87g/cm^3$。气干慢，略开裂，变形，很耐腐，胶黏性好	一般	圭亚那、巴西等南美东北部	美柚、南美红檀
20	占夷苏木	心材为红褐色，具紫色条纹。木材具光泽，无味，纹理直至略交错，结构细均匀，木材重，干缩大，强度高。气干密度多大于 $0.92g/cm^3$。干燥略快，无开裂和变形，耐腐，但边材有菌虫危害	较好	中非地区	卜宾家、红桂宝、巴西花梨
21	李叶苏木	心材为浅褐，橘红褐到紫红褐色，具深条纹。光泽强，无味，纹理常交错，结构略粗，略均匀，木材重，干缩甚大，强度高。气干密度 $0.88\sim0.96g/cm^3$。干燥中至快，略有面裂、翘曲和表面硬化，很耐腐，抗虫害强	一般	中美、南美、加勒比及西印度群岛	巴西柚木、美柚、佳托巴、南美红木
22	印茄木	心材为褐色至红褐色，与边材区别明显。有光泽，无味，纹理交错，结构中，均匀，木材重或中至重，硬，干缩小。强度高。气干密度约 $0.8g/cm^3$。干燥性能好，速度慢，耐腐，钉钉易裂，尤其染色性好	好	东南亚、斐济、澳大利亚等	铁梨木、假红木、波罗格
23	大甘巴豆	心材为暗红，久呈巧克力色。具光泽，无味，纹理交错或波浪形，结构粗，略均匀，木材重，硬。干缩甚小，强度高。气干密度通常大于 $0.8g/cm^3$。干燥稍慢，耐腐，易受虫害，油漆和染色佳，防腐处理难	一般	泰国、马来西亚、菲律宾、印度尼西亚等	金不换、门格里斯

附录

171

序号	木材名称	材色、特点及密度	评价	主要产地	市场名、误导名
24	甘巴豆	心材为粉红、砖红或橘红色。具光泽，无味，纹理交错，结构粗，均匀，木材中至甚重，质硬，干缩小，强度高至甚高。气干密度 $0.77\sim1.1g/cm^3$。干燥稍快，可能劈裂，不抗白蚁，有脆心材发生	较差	马来西亚、印度尼西亚、文莱等	康巴斯、南洋红木、黄花梨、金不换、钢柏木
25	小鞋木豆	心材为黄褐色，具深色带状条纹。木材光泽弱，无味，纹理斜至略交错，结构中，均匀，木材重，干缩甚大。强度高。气干密度 $0.73\sim0.8g/cm^3$。干燥慢，略开裂，变形严重，耐腐性中等，抗虫害中等	较好	中非地区	斑马木
26	紫心苏木	心材为深褐色至深紫色。耐腐，耐磨，强度、硬度大。气干密度常大于 $0.8g/cm^3$。干缩大	一般	热带南美	紫罗兰
27	重油楠	干缩小、木材中至重，其气干密度为 $0.78\sim1.0g/cm^3$，强度高、耐腐	一般	泰国、柬埔寨、越南、马来西亚	
28	柯库木	心材为浅黄褐，微带红。有光泽，无味，纹理略交错，结构细不均匀，木材重，强度中等，干缩小，干燥快，耐腐性中等。气干密度为 $0.89\sim1.06g/cm^3$。稍有端裂，面裂	较差	东南亚	金柯木
29	姜饼木	心材为浅褐，黄褐至红褐。光泽弱，无味，纹理直至交错，结构细，干缩大，强度中等。气干密度通常为 $0.8\sim1.0g/cm^3$。易变形，不耐腐	一般	产于东南亚、非洲、拉丁美洲	雨花梨、花丝梨
30	栗褐榄仁	心材为栗褐色、巧克力色，边材色浅。木材重。结构细且均匀，干缩小，新切面闻起来有酸味，易加工。气干密度可达 $0.87g/cm^3$。不耐腐	较好	印度、泰国、缅甸、越南及柬埔寨	胡桃木、黑胡桃、毛榄仁豆
31	五桠果	心材为红褐色，有时略带紫，与边材区别不明显。纹理直，易加工，灰褐色，硬度中等，强度大。气干密度约为 $0.7g/cm^3$。不耐腐	较好	马来西亚、菲律宾、印度尼西亚等	桠果木
32	异翅香	心材为黄褐色，与边材区别明显。纹理细且均匀，硬度强度中等，易加工，油漆着胶能力好，抛光性能好。气干密度约为 $0.6g/cm^3$。干燥慢，易开裂弯曲，光泽弱	较好	马来西亚、印度尼西亚、泰国等	
33	龙脑香	心材为红褐色，与边材区别明显。纹理直，硬度高，胶合能力差，抗酸性。气干密度通常为 $0.7\sim0.8g/cm^3$。光泽弱，结构粗，油性	较好	菲律宾、马来西亚、泰国、印度、缅甸、老挝等	夹柚木、缅甸红、克隆、阿必通、油仔木
34	冰片香	心材为红褐色，与边材区别明显。纹理直，强度硬度大，易加工。气干密度约为 $0.8g/cm^3$。胶合能力差，易变形	一般	马来西亚、印度尼西亚	山樟

中国木门 **300** 问

序号	木材名称	材色、特点及密度	评价	主要产地	市场名、误导名
35	轻坡垒	心材新切面为浅黄，久放呈浅褐或红褐色，与边材界限欠明显。光泽强，易加工，胶黏、抛光性能好，耐腐，纹理均匀。气干密度通常小于 $0.95g/cm^3$。干燥慢，易变形	较好	印度尼西亚、马来西亚、泰国及菲律宾等	山桂花、玉檀、玉桂木
36	重坡垒	心材为黄色，微带绿，久则呈黄褐或红褐色，与边材几无区别。硬度大，胶合能力差，结构细且均匀，油漆性能好。气干密度大于 $0.96g/cm^3$。干燥慢，易变形	一般	马来西亚等	铁柚、铁檀
37	重黄娑罗双	心材为黄色至深褐色，与边材区别明显。光泽弱，纹理均匀细腻，易加工。气干密度为 $0.85\sim1.15g/cm^3$。不耐腐、易变形	较好	马来西亚、印度尼西亚、泰国等	巴劳、玉檀、柚檀、金丝檀、柚木王、梢木
38	重红娑罗双	心材为浅红褐至深红褐色，与边材区别明显。光泽弱，干缩小，强度高，易加工。气干密度为 $0.8\sim0.88g/cm^3$。结构粗	一般	印度尼西亚、马来西亚、菲律宾	柚木王、玉檀、柚檀、红檀、巴劳、钻石檀、红梢
39	白娑罗双	心材近白色，久露大气中呈浅黄褐色，与边材区别不明显或略可见。结构略粗，纹理均匀，易加工。气干密度 $0.5\sim0.9g/cm^3$。易变形，密度变化大	一般	印度尼西亚、马来西亚、泰国等	金罗双、白柳桉
40	黄娑罗双	心材为黄色至黄褐色，与边材区别通常明显。纹理均匀，易加工。气干密度为 $0.58\sim0.74g/cm^3$。光泽弱，不耐腐	一般	印度尼西亚、马来西亚、菲律宾	黄柳桉
41	深红娑罗双	心材为红褐至深红褐，与边材区别明显。强度硬度高，耐腐，颜色深而均匀。气干密度为 $0.56\sim0.86g/cm^3$。干燥慢	较好	印度尼西亚、马来西亚、菲律宾等	红柳桉
42	娑罗香	心材为暗褐色，与边材区别明显。光泽弱，无味，纹理直或稍交错，结构略粗均匀，木材重硬，干缩小，耐腐。气干密度约为 $1.14g/cm^3$。干燥慢	好	印度尼西亚、马来西亚	
43	青皮	心材为褐色带绿，与边材区别明显或不明显。纹理直，结构均匀，重硬，强度大，油漆性能好。气干密度多大于 $0.8g/cm^3$。干燥慢，油性	一般	印度尼西亚、马来西亚、菲律宾等	
44	柿木	心材为灰褐至红褐色，与边材界限不明显，边材色浅。有光泽，无味，纹理直，结构细，木材重量中等，干缩大，强度大。气干密度多大于 $0.8g/cm^3$。略耐腐，抗蚁，大树可能有脆心材	一般	加纳、加蓬、喀麦隆、尼日利亚、埃塞俄比亚等	
45	橡胶木	心材为乳黄色至浅黄褐色，与边材区别不明显。略具光泽，无味，纹理直或略斜，结构细至略粗，均匀，木材重量中等，干缩大，强度小。气干密度约为 $0.65g/cm^3$。不耐腐，干燥快	较好	原产亚马孙地区。现广种世界热带地区	橡木

序号	木材名称	材色、特点及密度	评价	主要产地	市场名、误导名
46	良木豆	心材为近黄色，与边材界限不明显。光泽强，略有香味，纹理斜，结构细、均匀，木材轻至重，干缩小，强度中等。气干密度约为 $0.6g/cm^3$。干燥慢，耐腐性中等，抗蚁性差，有轻微翘曲和开裂	好	巴西、阿根廷、巴拉圭、秘鲁、玻利维亚	黄檀、龙凤檀、苏亚红檀
47	鲍迪豆	心材为巧克力色至黑褐色，与边材区别明显。光泽好，纹理细且均匀，强度硬度大，耐腐。气干密度通常为 $0.89\sim1.0g/cm^3$。干燥难，易变形	好	巴西、委内瑞拉、乌拉圭等	花檀、黑檀、南美柚檀、胡桃木
48	二翅豆	心材为浅褐至红褐色，与边材区别明显。纹理细致，无味。气干密度通常大于 $1.0g/cm^3$。光泽好，耐腐，易加工，性能较好	一般	巴西、圭亚那、哥伦比亚、秘鲁、委内瑞拉等	黄檀、龙凤檀、苏亚红檀
49	崖豆木	心材为紫色至黑色，与边材区别明显。结构粗而不均匀，较古朴，强度硬度大。气干密度为 $0.8\sim1.02g/cm^3$。油性，干燥慢，性能佳	较好	产于刚果（布）、喀麦隆、刚果（金）缅甸、泰国等	鸡翅木
50	香脂木豆	心材为红褐至紫红褐色，与边材区别明显。木材略具香气，微苦。香味浓厚，光泽好，易加工。气干密度约为 $0.95g/cm^3$。稳定性能差，耐腐耐磨	好	巴西、阿根廷、秘鲁、委内瑞拉等	红檀香
51	南美红豆木	心材为橘红至红褐色，与边材区别明显。具光泽，无味，纹理常交错，结构略粗，略均匀，木材重量中至重，干缩甚大，强度高。气干密度为 $0.62\sim0.77g/cm^3$。干燥慢，略有开裂和翘曲，耐腐性中等，抗虫害性能好	好	热带南美	
52	美木豆	心材为黄褐至深褐色，与边材区别明显。具有光泽，纹理稍斜，主交错，结构甚细、均匀，重量中等，干缩中至偏大，强度中至高。气干密度约为 $0.7g/cm^3$。干燥慢，稍有翘曲，开裂，耐腐	较好	热带非洲	柚木王
53	花梨	心材为黄褐、红褐至紫红褐色，常具条纹，与边材区别明显。散孔材至半环孔材。木材常具辛辣香气。油性，略微香味，纹理细腻，重硬。气干密度大于 $0.76g/cm^3$。油漆性能好	好	亚洲热带地区及非洲	红木
54	亚花梨	心材为褐色、粉红至紫褐色，与边材区别明显。散孔材或至半环孔材。木材略具香气。有光泽，有微弱香气，纹理直至交错，结构细，略均匀，重量轻至中，干缩小，强度中等。气干密度为 $0.5\sim0.72g/cm^3$。干燥慢，略耐腐	较好	热带非洲	花梨、科索
55	红铁木豆	心材为红褐至紫红褐色，与边材区别明显。有光泽，纹理略交错，结构细，均匀，木材重，干缩大，强度高。气干密度 $0.89\sim1.0g/cm^3$。干燥慢，中等开裂，变形小，很耐腐，抗白蚁害虫强，易劈裂	一般	非洲，圭亚那、苏里南、巴西等南美国家	

序号	木材名称	材色、特点及密度	评价	主要产地	市场名、误导名
56	水青冈	心材为红褐色，与边材界限常不明显。有光泽，结构细，均匀，重量中等。气干密度 0.67～0.72g/cm³。不耐腐，加工易变形，纹理美观	较差	北美及欧洲	榉木、欧榉、山毛榉
57	红栎	心材为褐色带红，与边材区别明显。晚材管孔放大镜下明显，心材侵填体少。纹理直，结构细，干缩小，重硬，不易干燥，易裂。气干密度为 0.66～0.77g/cm³。胶合涂饰能力好，花纹美观	较好	北美、欧洲、土耳其等	橡木、红橡木、红柞木
58	白栎	心材为灰褐色，与边材区别明显。晚材管孔放大镜下可见，心材侵填体丰富。有光泽；花纹美观，纹理直，结构略粗，不均匀，重量硬度中等，强度高，干缩性略大。气干密度为 0.63～0.79g/cm³。加工易，切削面光滑，油漆，磨光、胶黏性良好	较好	亚洲、欧洲及北美	橡木、白橡木、白柞木
59	铁力木	心材为红褐色，常带紫色条纹，与边材界限明显。木材重，质硬，干缩中，强度中至高。气干密度大于 1.0g/cm³。干燥不难	较好	越南、柬埔寨、泰国、马来西亚、印度尼西亚等	
60	香茶茱萸	心材为黄褐色，与边材区别略明显。有光泽，新切面具有香气，纹理交错，结构细而匀，材质中。气干密度约为 0.93g/cm³。有香气	差	马来西亚、印度尼西亚等	芸香、达茹
61	苞芽树	心材为黄褐色，灰褐色，与边材区别常不明显。木材略有光泽，无特殊气味，纹理斜或交错，结构中，均匀。木材重，干缩甚大，强度高。气干密度为 0.9～1.0g/cm³。心材耐腐性高，易锯刨，砂光和胶合性能良好		热带非洲及东南亚	
62	山核桃	心材为浅灰褐、褐色或微带红，边材灰褐色。气干密度为 0.6～0.82g/cm³	较好	美国	黑胡桃
63	铁樟木	心材为红褐色，与边材区别明显。气干密度约为 0.88g/cm³		马来西亚及印度尼西亚	
64	坤甸铁樟木	心材为黄褐至红褐色，久则呈黑色，与边材区别明显。气干密度约 1.0g/cm³		马来西亚、印度尼西亚及菲律宾	铁木、贝联、坤甸、紫金刚
65	热美樟	心材为黄褐带绿，有时呈黑褐色，与边材界限常不明显。光泽弱，纹理直至略交错，结构细而匀，材质重，干缩甚大，强度高，木材干缩差异大，宜小心。气干密度为 0.7～0.96g/cm³。干燥时开裂，翘曲严重，很耐腐	一般	巴西、秘鲁、苏里南、法属圭亚那等	
66	细孔绿心樟	心材为黄褐至巧克力褐色。有光泽；新伐有树脂香味，干后香味消失，纹理直，结构细而匀，干缩大，抗虫中至强，重量及强度中等。气干密度为 0.64～0.71g/cm³。干燥可能开裂，变形，耐腐中等	好	巴西等	

序号	木材名称	材色、特点及密度	评价	主要产地	市场名、误导名
67	绿心樟	心材为黄色至黄褐色微带绿，与边材区别略明显。有光泽，新切面有香味，纹理直至波状，结构细而匀，材质甚重，干缩大，强度高，气干略有内裂，端裂，翘曲，耐腐，抗蚁性强。气干密度大于 $0.97g/cm^3$。干燥可能开裂，变形，耐腐中等	较好	圭亚那、苏里南、委内瑞拉及巴西等	
68	风车玉蕊	心材为红褐色，具深浅相间条纹，与边材区别略明显。纹理直或斜，结构略粗，质硬。气干密度为 $0.8\sim0.87g/cm^3$。变形大，耐腐	一般	加纳、科特迪瓦、尼日利亚、刚果（布）等	
69	纤皮玉蕊	心材为浅黄白色，与边材界限不明显。有光泽，纹理直，结构甚细而匀，干缩中等，重量及强度中，干燥性良好。气干密度约为 $0.59g/cm^3$。干燥快，开裂，变形小，耐腐性差，加工易，胶黏性好	较好	圭亚那、苏里南、巴西等	藤香木、陶阿里、南美柚、玉蕊
70	木莲	心材为黄绿色，与边材区别明显。光泽强，纹理直，结构细而匀，材质轻，硬度及强度中。气干密度为 $0.45\sim63g/cm^3$。稍耐腐，稍抗虫，加工易，刨面光滑，油漆后光泽性良好，胶黏性好	一般	印度尼西亚、泰国、越南、马来西亚等	白楠、黄楠、白象牙
71	白兰	心材为浅褐色带绿，与边材区别明显。有光泽，结构细而匀，重量中至轻。气干密度约为 $0.6g/cm^3$。干燥稍慢	较好	越南、缅甸、泰国、马来西亚、印度尼西亚等	
72	米兰	心材为红褐色，边材色浅。气干密度为 $0.72\sim0.96g/cm^3$	较好	东南亚、巴布亚新几内亚	米籽兰
73	洋椿	心材为粉红至暗红褐色，与边材区别明显。木材具香气。略具光泽，纹理直，结构略粗，均匀，径切面可见木射线、斑纹，材质轻，干缩小至中，强度弱至中。气干密度为 $0.45\sim0.57g/cm^3$。干燥易，可能有端裂，加工易	一般	南美洲、中美洲及西印度群岛，现在许多热带国家引种	幻影木、沙比利
74	非洲楝	心材为粉红至红褐色，与边材区别明显。有光泽，纹理交错，结构细而匀，重量中等，干缩大，强度中等。气干密度为 $0.56\sim0.63g/cm^3$。易干燥，有时轻微翘曲。边材易受虫害	较差	加纳、尼日利亚、乌干达等	
75	筒状非洲楝	心材为红褐，径切面具深色条纹，与边材区别明显。有光泽，新切面有雪松气味，纹理交错，径切面有黑色条纹、花纹，结构细至中，均匀，重量中等，干缩大，强度高。气干密度为 $0.61\sim0.67g/cm^3$。干燥快，耐腐中	较好	西非、中非及东非	沙比利、幻影木
76	卡雅楝	心材为粉红至浅红褐色，与边材区别明显。有光泽，纹理交错，结构细至中等，均匀，木材轻至中等；干缩甚小，强度中等。气干密度为 $0.51\sim0.64g/cm^3$。干燥易，注意变形，耐腐中等，易受虫害	较好	西非和中非地区	

中国木门 300 问

序号	木材名称	材色、特点及密度	评价	主要产地	市场名、误导名
77	虎斑楝	心材为金褐色，边材浅黄色。光泽强，纹理交错，结构细而匀，重量中等，干缩小至中，强度中等。气干密度为 $0.51\sim0.57g/cm^3$。干燥迅速，有时产生轻微心裂或变形，耐腐中等，易受虫害	较好	加蓬、加纳、尼日利亚、喀麦隆、刚果（金）、乌干达等	
78	桃花心木	心材为红褐色，与边材区别明显。光泽强，纹理直至略交错，重量中等，干缩甚小，强度低。气干密度约 $0.64g/cm^3$。干燥快，尺寸稳定，耐腐，加工易，刨面光滑，胶黏性良好，油漆性能佳	好	中美洲、南美洲及西印度群岛，东南亚地区有引种	
79	非洲相思	心材为褐色至红褐色，边材白色或浅黄色。有光泽，结构细而匀，木材重，干缩大，强度高。气干密度为 $0.65\sim0.8g/cm^3$。颇耐腐，抗虫蚁，易受菌害，有黏聚现象	一般	南非、尼日利亚、刚果（金）等	
80	硬合欢	心材为黑褐色，与边材区别明显。气干密度为 $0.68\sim0.82g/cm^3$	较好	泰国、缅甸、印度尼西亚、巴布亚新几内亚	
81	阿那豆	心材为浅褐至红褐色，常带黑色带状条纹。木材具光泽，无味，纹理不规则，结构细、均匀，木材重至甚重，干缩大至甚大。强度高。气干密度大于 $1.0g/cm^3$。干燥慢，几无开翘，耐腐性强，加工困难	较好	巴西、阿根廷、巴拉圭等	落腺豆、黑檀、黑金檀
82	亚马孙豆	心材为浅黄色带粉红，与边材界限不明显。具金色光泽，无味，新切面有不好闻气味，纹理直至略交错，结构略粗而均匀。木材重量轻至中，强度中。气干密度为 $0.51\sim0.66g/cm^3$。干燥性好，略开裂，变形，耐腐性中，抗蚁差，加工易。胶黏性好，耐候性佳	较好	秘鲁、巴西、哥伦比亚等	金玉檀
83	圆盘豆	心材为金黄褐色至红褐色，具带状条纹，与边材区别明显。木材重硬，纹理交错均匀，有光泽。气干密度大于 $1.0g/cm^3$。耐腐，耐磨	一般	尼日利亚、加纳、加蓬、刚果（布）等	鸡翅、奥卡
84	腺瘤豆	心材为金黄褐色，边材白色。受潮有难闻气味，结构粗。气干密度约为 $0.7g/cm^3$。易变形，开裂，易腐蚀	较差	热带非洲	柚木、金玉檀
85	木荚豆	心材为红褐色，具带状条纹，与边材区别明显。纹理均匀，油性。气干密度为 $1.0\sim1.18g/cm^3$。性能稳定，油漆性能好	好	印度、泰国、缅甸、柬埔寨、越南等	金车花梨、花梨、品卡多、金车木
86	乳桑木	心材为黄色，久则呈暗褐色；边材为乳白色。光泽强，无味，纹理直或斜，结构细而匀，木材重，干缩小至中，强度高。气干密度约为 $0.8g/cm^3$。干燥较慢，心材耐久，握钉力强，尺寸稳定性及弹性佳	一般	巴西、圭亚那、苏里南等	金楠、金玉兰、南美玉桂木

序号	木材名称	材色、特点及密度	评价	主要产地	市场名、误导名
87	红饱食桑	心材为深红或浅红褐色，与边材区别明显。具光泽，无味，纹理交错，结构略粗，木材重，干缩大，强度大。气干密度大于 $1.0g/cm^3$。干燥慢，有开裂、瓦状翘、扭曲和表面硬化现象，耐腐性好，加工困难	较好	巴西、苏里南、圭亚那等	
88	黄饱食桑	心材为浅黄色，与边材界限不明显。具光泽，无味，纹理直或略斜，结构细均匀，木材重，干缩大，强度强。气干密度约为 $0.8g/cm^3$。干燥较易，有扭曲倾向，耐腐性差，加工略困难，胶合性抛光性好	一般	墨西哥、中美洲及西印度群岛等	
89	绿柄桑	心材为黄褐至深褐色，与边材区别略明显。干缩小，强度硬度大。气干密度为 $0.62\sim0.72g/cm^3$。尺寸稳定性好，耐腐耐磨，涂饰性好	较好	热带非洲	黄金木、依洛克
90	卷花桑	心材为深褐色，有时具深浅相间带状条纹，与边材区别明显；边材金黄色。气干密度为 $0.83\sim0.93g/cm^3$		巴西、哥伦比亚、秘鲁、圭亚那等	
91	肉豆蔻	心材为浅黄褐色，与边材区别不明显。油性，易变色，软，纹理直。气干密度为 $0.48\sim0.69g/cm^3$。加工易，不易作地板	一般	印度尼西亚、泰国、马来西亚等	
92	非洲肉豆蔻	心材为红褐色或黄褐色，具深色条纹，与边材区别不明显。油性，结构很细，辛辣味，质硬，强度高，黄褐色。气干密度约为 $0.9g/cm^3$。耐磨耐腐	一般	加蓬、刚果（金）、刚果（布）、喀麦隆、安哥拉等	
93	白桉	心材为灰黄、浅褐或灰褐色；边材近白色。主为径列复管孔。木材具光泽，无特殊气味和滋味，纹理交错，结构细而匀。木材重量重，质硬，干缩中，强度高。气干密度为 $1.03g/cm^3$。木材有较高的韧性，耐腐、抗蚁性能好。握钉性能良好		澳大利亚	
94	赤桉	心材为红褐色从边材到心材渐变，管孔肉眼可见，单管孔，呈之字形排列；气干密度约为 $0.83g/cm^3$	一般	澳大利亚	澳大利亚红木、橡木、佳瑞红木
95	铁桉	心材为红褐至深褐或巧克力色，与边材区别明显。气干密度约为 $1.12g/cm^3$	较好	澳大利亚	
96	铁心木	心材为紫红或巧克力色，边材灰褐。光泽强，无味，纹理交错，结构甚细，均匀，木材甚重，强度及硬度很高。气干密度大于 $1.0g/cm^3$。很耐腐	较好	印度尼西亚等	

中国木门 300 问

序号	木材名称	材色、特点及密度	评价	主要产地	市场名、误导名
97	蒲桃	心材为褐色至红褐色，边材色浅。光泽弱，结构细而匀，硬重，强度高。气干密度为 $0.68\sim0.75\text{g/cm}^3$。耐腐，饰面胶合性能好	较好	巴布亚新几内亚等	玛瑙木
98	红铁木	心材为红褐色至暗褐色，与边材区别明显。管孔常含白色沉积物。纹理交错，结构粗。气干密度大于 1.0g/cm^3。硬度大，易开裂	较差	西非至中非地区	铁柚木、金丝红檀、乌金檀
99	蒜果木	心材为紫褐色，与边材区别不明显。光泽弱，无味，纹理斜至交错，结构细而匀，木材重，干缩小，强度中至高。气干密度约为 0.82g/cm^3。干燥稍快，干燥性能良好，耐腐，抗蚁性中等	较好	东南亚	黑檀、紫金檀、乌金檀
100	白蜡木	心材为浅黄至浅黄褐色，边材色浅。气干密度为 $0.6\sim0.72\text{g/cm}^3$	较好	北美洲及欧洲	
101	银桦	心材为浅红褐色，边材色浅。气干密度约 0.68g/cm^3	一般	巴布亚新几内亚、澳大利亚等	
102	小红树	心材为红褐色，与边材区别不明显。纹理直，均匀细致，硬度和强度大。气干密度约 0.88g/cm^3。光泽好，易加工，耐磨，胶合性能好	较好	热带非洲	黄金木、黄花梨、非洲金檀、阔阔提
103	木榄	心材为浅红至红褐色，常具白色沉积物，与边材区别不明显。边材浅红色。木材具光泽。无特殊气味，纹理直，结构细而匀。木材重至甚重，干缩中，强度高至甚高。气干密度为 $0.82\sim1.08\text{g/cm}^3$。不易干燥，耐久性能中等。防腐处理容易，加工比较困难		印度尼西亚、马来西亚、巴布亚新几内亚等	
104	风车果	心材为红褐色；边材近白色。有光泽，结构略粗，硬，强度适中。木材具光泽。无特殊气味，纹理直或略斜，结构中至粗，略均匀。木材重量中至重，干缩小，强度中。气干密度为 $0.64\sim0.80\text{g/cm}^3$。干燥稍慢，耐腐，刨面良好，缺陷少		印度尼西亚、马来西亚	虎皮木
105	樱桃木	心材为红褐色；边材色浅。纹理直，结构细而匀，重度强度适中，高档木材。气干密度约为 0.58g/cm^3。易加工	较好	北美洲、欧洲、亚洲西部及地中海地区	
106	帽柱木	心材为浅黄至黄褐色，与边材区分不明显。气干密度约 0.56g/cm^3		$1\sim2$ 种产非洲，后 1 种产东南亚	
107	重黄胆木	心材为深黄色，与边材区别明显。结构细致，干缩大。气干密度为 $0.67\sim0.78\text{g/cm}^3$。易加工，耐腐	一般	西非至中非地区	金梨木、红影木
108	巴福芸香	心材为浅黄白色，与边材区别不明显。气干密度约 0.8g/cm^3	一般	巴西、巴拉圭、阿根廷北部	象牙木、象牙白

序号	木材名称	材色、特点及密度	评价	主要产地	市场名、误导名
109	良木芸香	心材为柠檬黄色，久则呈浅黄褐，与边材区别不明显。光泽强，无味，纹理直，交错或不规则，结构细均匀，木材重，干缩大，强度中至大。气干密度为 0.81g/cm³。干燥较容易，开裂性大，扭曲性小，加工，胶黏性好，易染色	一般	南美亚马孙、巴西	
110	软崖椒	心材为浅黄色，与边材区别不明显。有光泽，有香甜气味，结构细而匀，轻软。气干密度为 0.51～0.56g/cm³	较好	加蓬、刚果（布）、刚果（金）、加纳、赤道几内亚等	红梅嘎
111	硬崖椒	心材为黄色或红褐色，与边材区别不明显。结构细而匀。木材重，干缩中，强度高，气干密度大于 0.95g/cm³。有韧性，难加工。不耐腐，抛光、胶黏性能好		加蓬、乌干达、安哥拉、塞拉利昂等	
112	番龙眼	心材为红褐色，与边材区别不明显。具金色光泽，结构细而匀，硬度强度中等。气干密度为 0.6～0.74g/cm³。易加工，易翘曲和皱缩	一般	东南亚及巴布亚新几内亚等	红梅嘎
113	比蒂山榄	心材为紫红褐或灰紫褐色，与边材区别不明显至略明显。强度硬度大，纹理细致均匀。气干密度为 0.82～1.20g/cm³。耐腐	较差	东南亚地区	古美柚木、红檀、子京、马都卡、思美娜、樱檀
114	铁线子	心材为深红褐至浅紫色，与边材区别略明显。具光泽，无味，纹理直至略交错，结构甚细，均匀，甚重，甚硬，强度甚高。气干密度为 0.9～1.1g/cm³。干燥难，常产生端裂和面裂，非常耐腐	较差	产于南美洲、东南亚地区	红檀、南美樱木、樱檀
115	纳托山榄	心材为红褐色，与边材区别通常明显。气干密度多为 0.56～0.77g/cm³	差	印度尼西亚、马来西亚	铁心木、花酸枝
116	黄山榄	心材为浅黄色，与边材区别不明显。光泽明显，无味，纹理直，部分交错，结构细至甚细、均匀，木材重，干缩大，强度高。气干密度约为 0.91g/cm³。干燥需小心，扭曲较大，略开裂，耐腐性差，胶合性好	较差	巴西等地	黄檀、南美金檀木、黄金檀
117	桃榄	心材为红褐色，有时具带状条纹或火焰状花纹。边材黄褐色。气干密度约为 1.17g/cm³		圭亚那、苏里南、巴西、委内瑞拉、哥伦比亚等	
118	猴子果	心材为浅褐至深褐色，与边材区别略明显。光泽强，纹理直且细至均匀，硬度重量中等，强度高。气干密度约 0.7g/cm³。耐腐，缺陷少	一般	东非至西非地区	圣桃木
119	船形木	心材为灰黄色至浅褐色，与边材区别不明显。光泽较强，无味，纹理直至略交错，结构略粗，不均匀，重量中，干缩小，强度中至略高。气干密度约为 0.71g/cm³。干燥快，耐腐中等	较好	印度尼西亚、马来西亚及泰国	

序号	木材名称	材色、特点及密度	评价	主要产地	市场名、误导名
120	黄苹婆	心材为黄白至淡黄褐色，与边材区别略明显。具光泽，具辛辣气味，无特殊滋味，纹理斜，结构粗，略均匀，重量中，质软，强度甚低至低，易变色。气干密度为 $0.69\sim0.78g/cm^3$。干燥不难，不耐腐，加工性能好，握钉力弱，结构均匀	较好	中非至西非地区	
121	四籽木	心材为黄褐色带粉红色条纹，有蜡质感，与边材界限不明显。具有光泽，生材有难闻气味，干后无味，纹理直至略斜，木材重，干缩甚大，强度中至高。气干密度为 $0.78g/cm^3$。耐腐，易锯刨，但切面要砂光，握钉力良好	较好	马来西亚、印度尼西亚	富贵木、普纳
122	荷木	心材为红色至红褐色，边材近白色，边材到心材材色渐变。有光泽，无味，纹理斜，结构甚细，均匀，重量及硬度中等，干缩大，强度中。气干密度约为 $0.71g/cm^3$。干燥较难，易开裂和翘曲，耐腐弱，易锯，刨切困难，刨切面光滑，油漆胶黏性佳	较好	泰国、缅甸、马来西亚及印度尼西亚	木荷
123	朴木	木材散孔材。心材为淡黄色或灰白色，与边材区别不明显。光泽强，纹理直或波状，结构中，略均匀，重量及强度中等，抗虫蛀中等。气干密度为 $0.58\sim0.76g/cm^3$。加工易，刨面光滑	较好	产于非洲、东南亚	
124	榆木	心材为浅褐色；边材色浅。气干密度 $0.58\sim0.78g/cm^3$	较好	北美洲、欧洲及亚洲	
125	榉木	心材为浅栗褐色，与边材区别常明显。气干密度约为 $0.79g/cm^3$	较好	伊朗、日本等	红榉、黄榉
126	柚木	心材为黄褐色，具油性感，与边材区别明显。有光泽，纹理直或略交错，重量中，干缩小，强度低至中。气干密度为 $0.58\sim0.67g/cm^3$。干燥性能良好，尺寸稳定，耐腐，锯刨较易，胶黏、上蜡性能良好，握钉力佳	好	泰国、印度尼西亚等	胭脂木
127	维蜡木	心材为褐色至暗褐色；边材色浅。气干密度常大于 $1.0g/cm^3$	较好	委内瑞拉、智利、墨西哥等	玉檀香
128	愈疮木	心材为深橄榄褐色，与边材区别明显；边材浅黄色。气干密度约为 $1.25g/cm^3$		北美洲、中美洲及西印度群岛等	

附录 11　木门售后服务单

表 1　木门供货订购单

客户方	姓名		销售方	姓名	
	地址			地址	
	电话			电话	

商品名称	品种	型号	规格	颜色	材种	数量	单价	备注

合计人民币金额（大写）	

收定金		欠款	
提货日期		安装日期	
客户签字		收款人签字	
日期	年　月　日	日期	年　月　日

备注	1. 实木门源于自然生长之树林，因此色差不属于质量问题，望勿苛求。 2. 预付订金　　元，一周之内无需理由，定金可全额退还，或更换其他木门品种，超过一周退单，我公司将从定金中扣除全额货款的 3% 手续费，以弥补公司下单生产的损失。 3. 若销售方不能按时交付木门，应事先向客户说明原因，并及时更换其他相近的木门产品，否则每超过一天支付客户总金额货款万分之三的违约金（天灾除外）。 4. 送货前应事先与客户联系，明确送货到达时间，到达后请务必验收。

表 2　木门质量验收单

亲爱的顾客：

欢迎您订购我公司的木门，我公司将为您提供周到、全面的服务！

为了保护您的合法权益，请您收到我公司木门后进行质量验收，若木门与订单上的要求不符，客户可无条件退、换货。若因客户自身原因要求退货、退货，由客户承担搬运费，并从订货中扣除总货款的3%作为我公司的补偿。

客户购买我公司木门，均由我公司安装，并由安装方承担保修及售后服务责任。

年　　　月　　　日

客户姓名		地址			电话	
品种		类型		规格	材种	
等级		数量		表面质量		
五金配件质量 与数量						
是否是您原来 订购的木门	是　□			否　□		

注：1. 实木门源于大自然生长之树木，自然缺陷在所难免，望勿苛求，属于非质量问题。望对加工缺陷严格验收。

2. 客户对产品验收合格后，请付清全部余款。

3. 客户对木门可拆包检验，也可进行抽检。

4. 根据行业规范，谁安装谁承担保修责任，建议客户安装由本公司承担，以确保您的合法权益。

客户签字　　　　　　　　　　　　　　年　　　月　　　日

表 3　木门安装任务单

木门安装人员纪律：

1. 必须持证上岗，外表整齐、工具齐、辅料齐；

2. 必须严格执行安装规范、工序，达到验收标准；

3. 必须随时虚心倾听客户意见，尽力满足客户合理要求，但不能违背科学安装原则；

4. 严禁向客户要吃、喝、吸、收、拿，随时做好施工记录。

客户		电话 手机		地址	
品种		类型		规格		材种		开启方向	
数量		安装位置			
连接方式					
五金配件内容	1. 2. 3. 4.				
双方其他 条件约定					

施工方签字：　　　　　　　　　　　　　　　　　客户签字：

　　　　　　　年　　月　　日　　　　　　　　　　　　　年　　月　　日

中国木门 300 问

表 4　木门安装验收单

安装人员纪律：

1. 必须持证上岗，外表整齐、工具齐、辅料齐；

2. 必须严格执行安装规范、工序，达到验收标准；

3. 必须随时虚心倾听客户意见；

4. 严禁向客户要吃、吸、喝、拿。

年　　月　　日

客户		电话		地址	
品种		规格		类型	开启方向
安装位置	卧室 1　　　　　　　客厅　　　　　　　阳台 卧室 2　　　　　　　厨房　　　　　　　其他 卧室 3　　　　　　　厕卫间				
安装工人		工长姓名		电话	
安装质量	（1）门扇安装：开关灵活、稳定　　　　　　　　　满意□　比较满意□　一般□　差□ （2）五金安装：安装齐全、牢固、平稳、规格符合　满意□　比较满意□　一般□　差□ （3）木门盖口条、压缝条、密封条：与木门结合牢固严密　满意□　比较满意□　一般□　差□				
安装服务	工人是否挂牌上岗：　　　　　　　　　　是□　　　　否□ 服务态度：　　　　　　　满意□　比较满意□　一般□　比较差□　不好□ 欢迎对我公司服务提宝贵意见：				

施工方签字：　　　　　　　　　　　　　　验收方签字：

（客户）

年　　月　　日

表5　木门客户回访调查表

尊敬的客户：

您好！衷心感谢您从市场上琳琅满目的木门品类中，最终选择了我们品牌的木门，并由我们来进行安装。您的信赖，是对我们的极大鼓舞！我们对您使用我们品牌的木门负责，特登门或电话回访，征求意见，盼得到您的支持，若在回访中给您带来众多不便，请予以谅解！

年　月　日

客户姓名		电话		地址		
安装日期		门数		型号		材种	
				规格			
客户意见	木门质量					
	安装质量					
	服务要求					
回访措施与要求	指导　1. 　　　2. 回访人：			修缮　1. 　　　2. 客户签名： 年　　月　　日		

表 6　客户投诉处理单

客户姓名		手机 电话		地址	
品种		型号		规格		开启方向	
单价		销售/安装日期				销售地点	
安装人 或单位						电话	
投诉内容							
客户要求							

现场勘察记录

协商处理意见

处理结果　　　　　　　　　　　　　回访结果

客户签字：　　　　　　　　　　　　回访人：

　　　　　　　　　　年　　月　　日　　　　　　　　　　年　　月　　日

参考文献

[1] 许伯鸣.1000 款门［M］.江苏：江苏科技出版社，2004.

[2] 吴裕成.中国的门文化［M］.北京：中国国际广播出版社，2011.

[3] 楼庆西.中国建筑的门文化［M］.河南：河南科学技术出版社，2001.

[4] 张国林.中国木门（首卷）［M］.北京：物资出版社，2010.

[5] 杨家驹.卢鸿俊红木家具及实木地板［M］.北京：中国建材出版社，2004.

[6] 王恺.木材工业实用木全　涂饰卷［M］.北京：北京中国林业出版，1998.

[7] 王恺.木材工业实用木全　干燥［M］.北京：北京中国林业出版，1998.

[8] 王恺.木材工业实用木全　胶黏剂［M］.北京：北京中国林业出版，1998.

[9] 王恺.木材工业实用木全　卷［M］.北京：北京中国林业出版，1998.

[10] 张广仁.木器油漆工艺［M］.北京：中国林业出版社，1983.

[11] 杨美鑫.木工安全技术［M］.北京：电子工业出版社，1987.

[12] 吕斌，傅峰.木门［M］.北京：中国建材工业出版社，2013.

[13] 邝春生.木门设计、制造、安装技术问答［M］.北京：化学工业出版，2011.

[14] 翁少斌.中国三层实木复合地板 300 问［M］.北京：中国建材工业出版社，2015.

[15] 谭小平.管鹏微营销是干出来的［M］.北京：中华工商联合出版社有限公司，2013.

[16] 徐钊.木制品涂饰工艺［M］.北京：化学工业出版社，2006.

[17] 李玲，等.门窗工程安全操作、技术［M］.北京：中国建材工业出版社，2007.

[18] 贾主编.木材制品加工技术［M］.北京：化学工业出版社，2017.

[19] 王传耀.木质材料表面装饰［M］.北京：中国林业出版社，2006.

[20] 宋广生.绿色家装全攻略［M］.北京：机械工业出版社，2005.

[21] 主要进口木材名称（GB/T 18513—2001）.

[22] 中国主要木材名称（GB/T 16734—1997）.

[23] 建筑门窗术语（GB/T 5823—2008）.

[24] 建筑门窗洞口尺寸系列（GB/T 5824—2008）.

[25] 防火门（GB 12955—2008）.

[26] 室内木门（LY/T 1923—2010）.

[27] 建筑木门、木窗（JC/T 122—2000）.

[28] 木复合门（JC/T 303—2011）.

[29] 木门（WB/T 1024—2006）.

[30] 王维新.甲醛释放与检测［M］.北京：化学工业出版社，2003.

[31] 段新芳.木材变色防新技术［M］.北京：中国建筑工业出版，2005.